U0004560

台灣自然圖鑑 005

星座・星空

A Field Guide to Stars and Constellations

圖鑑

藤井　旭◎著

吳佩俞◎譯

晨星出版

〔目次〕Contents

推薦序 Foreword

　　夜幕低垂閃亮的星星一顆一顆陸續出現在夜空中，暗夜裡繁星點點，像鑽石般美麗，看似平淡的星點，實為複雜的構圖，人們以超現實的想像思維，將滿天星斗編織出一幅幅美麗的圖案，再配合神話傳說故事，包裝成一個個美麗的星座，星空殿堂總共有88個星座，必需要有一本關鍵圖鑑，才能欣賞體會出殿堂之美。

　　夜空中星光點點，看起來只覺得有亮和暗的區別，實際上星星的亮度、顏色、距離和種類等各不相同，想要進一步認識天上的「星星」，必需知道一些星星的基本知識，就如同利用身高、體重和膚色來辨認一個人一樣。一顆一顆的星星組成星群代名詞稱為「星座」，所以要認識星座，就必須具備一些天賦的想像力，把一些亮星和暗星連起來，想像為某種器物、動物或人物的骨架，加上肉體皮毛成為美麗的星座圖案，這些由日本知名天文作家藤井旭先生，利用深厚的功力，在圖鑑一書中帶領讀者，遨遊綺麗的星空探索星座的神祕。

　　春去秋來盛暑寒冬，四季夜空中粉墨登場的星兒們也不同，《星座‧星空圖鑑》一書，依照春、夏、秋、冬四季的順序介紹

星空中的星座，使我們能了解每個季節會有哪些星座升起，並以我們朝向南方或北方看星空的情境，以半圓圖形模擬南方天空或北方天空出現的星座，吸引讀者進入星空殿堂來認識星星，使圖鑑變成最簡單易懂的認星祕笈。

一年四季斗轉星移週而復始，利用星座和星座中的亮星，連接成四季星座幾何圖形，如春季正三角形、夏季直角三角形、秋季四邊形、冬季橢圓形、天上大弧線…等，既容易辨認且具有季節的代表性，圖鑑中描繪並介紹這種認星的好方法，方便記憶全天空的星圖。

在星星和星星間暗黑的夜空中，還有很多需用望遠鏡才可以看見的星體，如星團、星雲和星系等，作者以實際拍攝的美麗星體和星座照片，喚起讀者封存許久的星空記憶，描述如何快速認識天上的星星和星座，因此《星座・星空圖鑑》一書是初學者最實用的圖鑑寶典。

前臺北市立天文科學教育館　館長

邱國光　謹序

本書的使用方法

本書依照四季，依序將夜晚天空可見的主要星座分別介紹給大家。
且為了讓讀者能夠隨時找尋觀賞星座，每個季節章別的起始頁還會
附上每月星座圖，及該季節的星座尋找方法。此外，書中亦刊載了
南方星群與月亮、太陽、行星、流星、彗星，以及觀星訣竅等相關
內容。不論讀者們是身處近處或郊外、海邊或山上等地點，都可以
利用本書來進行觀測活動。

照片
為使讀者容易辨認星座的外觀形態，書中介紹的照片都是以整體星座為主。即使是難以辨認想像的星座，也會將周圍可當作辨認記號的星星給標列出來。

星圖
為讓讀者快速想像出星座的形態，故利用圖案來介紹及呈現星星與星座繪畫。

天體照片
此處介紹的是星座所屬天體當中可以使用雙筒望遠鏡與望遠鏡觀察到的部分，以及攝影時的樂趣所在。同時也附有哈伯太空望遠鏡等工具所拍攝的動態照片。

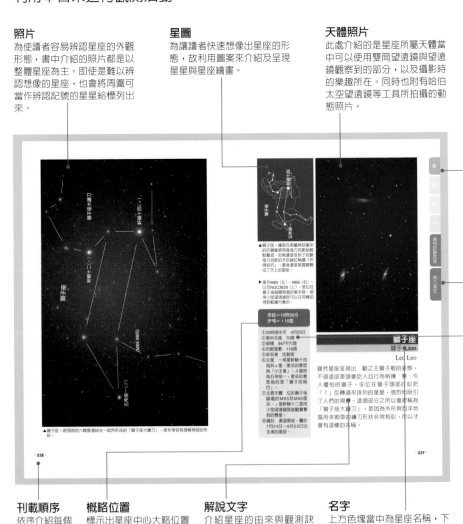

刊載順序
依序介紹每個季節當中較容易觀測到的主要星座。

概略位置
標示出星座中心大略位置的赤緯、赤經。當介紹兩種以上的星座時，則顯示主要星座的位置。

解說文字
介紹星座的由來與觀測訣竅、神話等等能夠充分享受星座樂趣的資訊。文中出現圈有數字的記號，即表示其相關資料所屬的編號數字。

名字
上方色塊當中為星座名稱，下方色塊則顯示中文名稱與英文名稱，而色塊下方是以星座學名及縮寫代碼依序標示。

季節與光度

根據季節的更迭變化，我們能看到的星群也會有所不同。以下即為各個「頁緣方格」所代表的涵義。

■**春**：三到五月左右容易觀察的星座。
■**夏**：六到八月左右容易觀察的星座。
■**秋**：九到十一月左右容易觀察的星座。
■**冬**：十二到隔年二月左右容易觀察的星座。
■**擁有明顯亮星**：擁有二等星以上亮度星體的星座。

星座可見高度

當星座昇至正南或正北天空時的高度。（註：本書提及之星星高度適用於日本同緯度地區，如需用於臺灣緯度請修正之。）

■**南方低空**：可在接近南方地平線的位置見到。
■**南方高空**：可在南方中天處見到。
■**天頂**：可於抬頭至幾近正上方處見到。
■**北方高空**：可在北方中天處見到
■**北方低空**：可在接近北方地平線的位置見到。

星座小檔案

將星座的資料分項表示列出。如果介紹的是兩個以上的星座時，則標示為主要星座的資料。另外，在本書264～266頁的內文當中，也歸納整理有全天88個星座的名字、學名、赤經赤緯、二十時南方中天日期等各種資料。

①**20時南中天**：這裡所表示的是星座中心於東京（東經139.8度）中央標準時刻20時到達子午線上的日期，也是星星高昇至空中容易觀察看見的日期基準。若標有（北）字記號時，則是指南方中天時可在北方天空中所看到的星座。

②**南中天高**：標示的是在南方中天時，星座中心位在距南方地平線大約多少高度之處。若標有（北）字記號時，則是指距離北方地平線的高度位置。

③**面積**：該星座於星空中所占有的面積。也是連結星星時用來找出面積大小的基準。

④**肉眼星數**：在屬於該星座的星星當中，將光度從6.49等開始的明亮星星數目明確列出。

⑤**命名者**：列出創造該星座的天文學者。雖然人們從古至今連結創造出了各式各樣的星座，但目前已被確定為全天共有88個星座。

⑥**主星**：記載主星的名字與意義。讀者可在本書的272～277頁當中詳細了解那些附有α星等記號的星星位置。

⑦**主要天體**：此項目介紹的是肉眼或雙筒望遠鏡、望遠鏡等工具能夠觀察到的天體與有名的天體。

⑧**備註**：標示黃道十二星座以及屬於該星座的生日。

■觀星小常識

什麼是天球？

大家應該都有抬頭仰望夜空時，就如同看到大碗蓋在頭上的印象，給人的感覺也像是星象館當中的圓形屋頂一樣。這個覆蓋在頭頂上的假想圓形屋頂，就被稱之為「天球」，而各個星座的星群們，看起來就像是被鑲嵌在天球之上而各自閃耀著光芒。

當然，在實際的宇宙空間裡，每個星星與地球的距離也是遠近各有不同，不過因為星星的距離實在太過遙遠，故而無法呈現出立體感，才會每顆星星看起來都像是鑲貼在這個假想的天球上頭閃爍著光芒。

此外，這個天球看似還會以聯結天空中北極與南極的立軸為中心而每日回轉一次，因而太陽與月亮、星星等天體才會全都呈現出從東邊升起，並且朝向西逐漸下沉而去的動作。這個動作其實是反映顯示出我們居住的地球每天會自轉一次的狀況，所以這個情況就被命名為「星星的日周運動」。

因為我們是站在地面之上，所以無法看到地面之下的天空。也就是說。夜晚的天空只能見到天球的一半，此外，因南方天空的部分星座無法昇至地平線之上，所以當身處北半球的臺灣一地時，也是無法看到這些星星的。

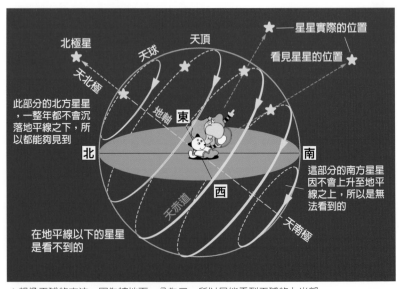

北極星　天球　天頂　★——星星實際的位置
天北極　　　　　　看見星星的位置
此部分的北方星星，一整年都不會沉落地平線之下，所以都能夠見到
地軸　東
北
天赤道　西　南　這部分的南方星星因不會上升至地平線之上，所以是無法看到的
天南極
在地平線以下的星星是看不到的

▲想像天球的方法。因為被地面一分為二，所以只能看到天球的上半部。

星座的移動變化

當我們仰首觀察鑲貼在天球上的星座星群時，可以發現它們會隨著時間從東向西移動。這種一整天的星空移動就是「星星的日周運動」。這是因為地球每天都有著由西向東回轉一次的動作，才會使星空顯示出這樣的移動與改變。

另一方面，地球除了每天回轉一次的自轉之外，同時也以一整年的時間繞著太陽旋轉一圈。正因為這個緣故，地球上每天所看到的星座才會多少有所差異變化。而星座在這一整年間的移動變化就稱之為「星星的年周運動」，其移動變化的速度約為每日加快四分鐘，也就是以每半個月一小時；一個月二小時的速度提早讓相同星座上升至空中。

因為年周運動的影響，導致季節不同時，能夠觀察到的星座也隨之移動，所以春夏秋冬各季節的星座都會每年依序出現而次年再度重複出現。

一般說來，晚上八點左右所見到的星空就被稱為該季節的星座，不過即使是在同一天夜裡，到了深夜後，下個季節的星座也會因日周運動而昇起，所以我們在同一個晚上約可見到三個季節左右的星座。

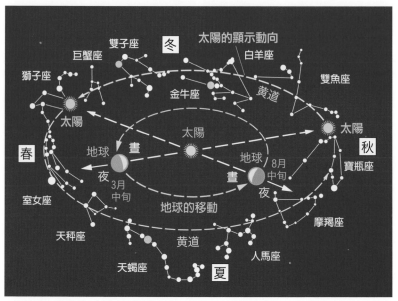

▲星星的年周運動。因為地球的位置在一整年當中會有所變化，所以其背後可見的星座也會隨著季節嬗遞而產生改變。

星座的觀察方法

當我們抬頭仰望高掛夜空閃閃發光的星星，若不仔細端倪的話，星星看起來就只是毫無秩序地閃耀著美麗光芒，但如果將它們一個個地連結起來，並和活躍在神話中的英雄及動物們的形態相互疊合，接著充分想像形繪出星座的模樣，那真是一種難以言喻的樂趣。當然，在星空當中並沒有畫著能夠讓人想像出星座姿態的線條，所以讀者必須一邊對照著本書的星座圖，然後再盡情發揮想像力來描繪出星座的形態。

觀看星座的第一個步驟就是從找出該季節較為醒目的明亮星星並加以確認開始。例如，如果欣賞的是冬天的星座，如「冬季大三角」時，就要先從那些明亮星星當中找出指標星座的位置，然後依序將各個星星連結起來，並且捕捉形成星座的骨架，接著再幫這個星座的骨架增添血肉繪製出圖樣就可以了。如此一來，當星座的圖樣形態突然顯現在看似毫無秩序的星空中時，那種開心真是令人格外興奮啊！所以希望讀者們務必耐心十足地找出星座的姿態。

▲獵戶座。將明亮的星星依序連結起來。

▲將圖畫疊合在星座骨架之上，接著充分描繪想像。

星星的亮度

在夜空當中有著形形色色亮度的星星各自閃耀著光芒，如果將這些星星的明亮程度予以排列等級的話，就會用一等星、二等星等詞語來說明星星的「亮度」與「等級」。

肉眼可見的亮度極限是6等星，剛好是1等星的1％，如果是比1等星還要明亮的星星，則會標示為0等、－1等、－2等帶有負號的形式。像是最亮的天狼星，就是亮度－1.5等星。較暗的星星如7等星、8等星則以加大數字來表示，而雙筒望遠鏡甚至能夠看到8等星左右亮度的星星。

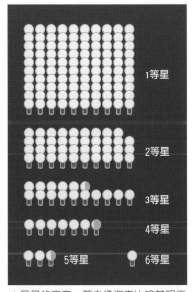

▲星星的亮度。藉由燈泡來比喻其明亮的程度。

星空的量尺

當我們測量長度時，通常會使用公分或是公里這類單位。不過，若想說明浩瀚星空中的星星之間有幾公分的話，也會因星體遠在高空而毫無意義。

因此，星空的大小與距離就全改以角度來表示，像是「滿月的大小為0.5度」、「北斗七星的全長為25度，可於高度35度的位置看見」等情形。估算大致的方位時，可以像右圖一樣用自己的手來代替角度量尺，作簡單方便的測量。

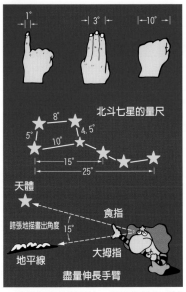

▲星星角度的測量法。使用我們的手就很方便簡單。

觀察天體的方法

在夜空當中,並非只有各個星座的眾多星群,其實裡頭還潛藏了各式各樣的天體。像是兩個非常接近而並列的「雙星」、亮度會改變的「變星」、還有與星星的一生有所關聯的「星雲、星團」等等。

在本書中,我們會將這些能夠以肉眼、雙筒望遠鏡,或是小型望遠鏡來觀看欣賞且明亮易見的各種天體介紹給讀者們,所以大家不僅可以欣賞星座,同時也能夠享受到觀星的樂趣。除此之外,我們還會介紹這些天體中能夠看到,且種類繁多、興味十足的星雲與星團的觀測方法。

• **瀰漫星雲**:就如同字面所顯示的,這類天體可以看到它發散出模糊朦朧的光芒,其原因就在於作為星星誕生素材的灰塵與氣體在受到鄰近明亮星體光芒的刺激後,會發出閃爍光芒。這種星雲的種類其實極為繁多,包括從M42獵戶座大星雲那樣明亮的星雲,或到彷彿能捕捉到雲層那樣看似摸不著邊際的模糊天體等等。

觀賞這種稀薄的星雲時,不需勉強凝視以找出星雲本身的光芒,試著稍微偏離掉注視焦

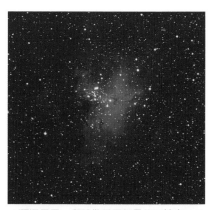
▲瀰漫星雲。與疏散星團相疊的巨蛇座M16星雲。

▲疏散星團。疏散星群的集合M6星團。

▲球狀星團。數十萬個星星的大集合M5星團。

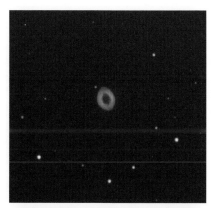
▲行星狀星雲。呈現環狀的天琴座M57星雲。

▲超新星殘骸。金牛座的M1蟹狀星雲。

▲星系。大熊座的漩渦狀星系M101。

距,再將視線繞回星雲的方向,有時反而更容易看到。

·疏散星團與球狀星團:年輕星星的集合群就稱為疏散團。因為是明亮的星體集團,所以使用小型望遠鏡就很容易觀測欣賞。

另一方面,由無數老齡星星大量聚集而成的球狀星團,平常看起來彷彿渾圓模糊一片,但如果使用口徑超過20公分以上的望遠鏡,就能看到無數顆的小星球,而呈現出魄力十足的景象。

·行星狀星雲與超新星殘骸:不論是哪一種都屬於星星一生終點階段的天體。行星狀星雲的外形雖較小,但有許多都屬形狀容易辨認的星雲。除了金牛座的M1蟹狀星雲之外,大部分的超新星殘骸多是大面積地擴散開來,很難由目視即清楚辨認。

·星系:相當類似於由無數星星大量集合所構成的銀河系,在天體照片中呈現漩渦狀而可清楚分辨,但目視觀察時卻常常只能看到一團模糊暈染的朦朧光芒。

此外,在本書當中也收錄有許多由哈伯太空望遠鏡所拍攝到的圖像,藉以介紹這些美麗的星雲與星團的形態。

太陽移動通過的路徑 ——「黃道」

就像本書第9頁圖表所顯示的，地球以一年的時間繞行太陽一週，不過對於住在地球上的我們來說，所看見的反而像是太陽花費一年的時間在天球的星空中繞圈移動一週。當然，雖然這只是看似如此的移動情景，但太陽在這個星空中移動的路徑還是被稱為「黃道」。而且，在這個黃道上還有十二個星座，所以就被稱為黃道十二星座。

行星的移動路徑與可見的星座

如果從太陽系之外來看以地球為首的太陽系行星，會感覺就像是在與太陽幾乎相同的平面上繞圈。因此，若從地球反向觀看的話，行星也會看起來就像是跟太陽在相同的黃道上移動。也就是說，從遠離黃道

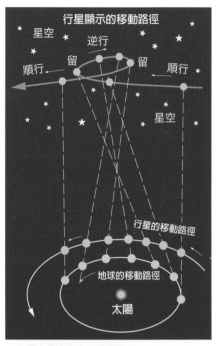

▲行星在星空當中的移動路徑。

十二星座的北方天空中的大熊座，應該是無法看到明亮行星的，換句話說，如果發現黃道星座中有著明亮的星體，先想到是火星、木星、土星之類的行星應該是不會錯的。

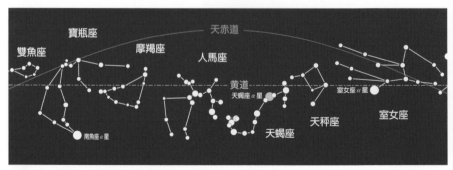

▲黃道十二星座。它們的大小形形色色、各有不同，且與占星所說的黃道十二宮還是稍有不同。

可見到行星的黃道星座列表刊載於本書的第234頁。這些行星並會如同235頁中的火星照片一樣，位在黃道星座當中來來回回地移動著，其理由就像是前頁圖表所說明的，那是因為我們站在圍繞太陽旋轉的地球之上來觀看著同樣繞行著太陽的行星，所以才會看到這般景象。

誕生星座

近來，有許多人都不再直接說出自己的生日，而是改為以誕生星座來表達。像是「我是天秤座」或「我是室女座」之類的用法。這些大家所提的誕生星座與生日之間的關係就如同右表。

在浩瀚星空中，實際尋找自己的誕生星座雖然是一件很開心的事情，但我們出生當天的星座附近卻有著太陽正閃耀著光芒，所以實際上反而是無法看到的。如果想要看到自己的誕生星座，就要在生日的前三到四個月的夜裡，仔細觀察南方的天空即可。不過，誕生星座與占星並沒有直接關係。

誕生星座	生日
白羊座	3月21日～ 4月20日
金牛座	4月21日～ 5月21日
雙子座	5月22日～ 6月21日
巨蟹座	6月22日～ 7月23日
獅子座	7月24日～ 8月23日
室女座	8月24日～ 9月23日
天秤座	9月24日～10月22日
天蠍座	10月23日～11月22日
人馬座	11月23日～12月22日
摩羯座	12月23日～ 1月20日
寶瓶座	1月21日～ 2月20日
雙魚座	2月21日～ 3月20日

▲誕生星座表。要注意的是，當太陽位於自古即已決定的誕生星座之日時，必須注意到其實是與自己的生日之間相差一個星座。

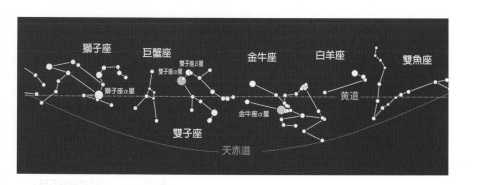

旋轉星座盤的使用方法

　　旋轉星座盤是能夠輕鬆再現星空模樣的工具。在市面上即有販賣各式各樣大小與使用方式的星座盤，讀者們在書店等地就能買到。

　　使用旋轉星座盤時，最重要的是要能正確辨認出自己所站位置的東西南北各個方位，如果不清楚的話，也可以找出在正北星空中閃耀的北極星。

　　找到正確方位後，再旋轉手上的星座盤，並將刻度對準想要觀賞的時間，讓日期時刻一致無誤，如此就能在橢圓形的視窗裡看到該時刻所能觀賞的星空了。接著，將自己站立位置的方位對準旋轉星座盤顯示的東西南北方向使其一致，再把旋轉星座盤高舉在頭上來對照星空，如此就能找出星座的各種姿態。不過，旋轉星座盤上標列的東西方位與地圖是相反的，那是因為要舉在頭頂轉動之故，才會有這種便利的設計。

　　因為旋轉星座盤的星座圖是將圓形天球的樣態描繪在平面之上，所以較之我們實際上所看到的星座形態多少還是會有扭曲變形的情況，這點也請讀者們多加注意。

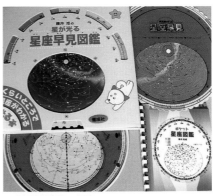

▲各式各樣的星座盤。

▲將星座盤轉至想要觀賞的月、日與時刻。

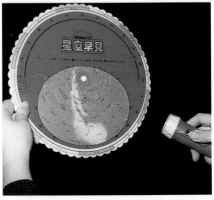

▲將星座盤的方位調整到一致後，再觀察比較。

星空的模擬

如果想要快速再現預計觀看日期的星空情況，電腦的星空模擬軟體就擁有著極為便利的特點。

不僅想要觀賞的星空很快就能顯示在畫面上，就連星座的連線及星座畫也可以如預期般出現，而且我們的觀賞場所也能自由隨意決定，甚至還可藉此了解到月亮或行星的位置及當天所發生的天文現象等訊息。這類工具在書店或是天體望遠鏡光學店即可購得。

另外，電腦不僅能夠模擬星空觀賞，甚至有些軟體還可以連接到天體望遠鏡，將想觀看的天體隨意且自動地導入視野畫面當中。透過望遠鏡的探測鏡頭，就能免除手動尋找星雲、星團等天體的麻煩，而且即使是初學者，若能漸次熟悉這個方式，也能陸續找出各個天體，的確是非常方便的方法。近來，市面上除了使用鍵盤操作的工具之外，甚至還出現了以聲音控制的軟體，使得觀賞天體星座的便利性好上加好、更上層樓。

如果想獲得天體現象與星象館、公開天文臺等相關資訊的話，還是利用網際網路的效果最好，各位讀者應該多加利用。

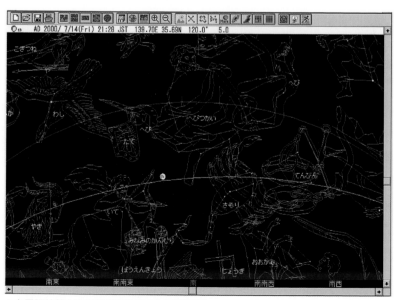

▲在電腦螢幕上進行星座模擬也是非常有趣的。

星空換算表

像本書第16、17頁的旋轉星座盤和電腦星空模擬軟體等工具，都是可以用在實際的夜空中尋找星座的好幫手，不過，身邊如果沒有這些工具，就無法進行操作了。

但讀者們若使用本書刊載的星空圖，就算沒有旋轉星座盤與星空模擬軟體等工具，還是隨時都可了解想要觀賞的特定時間的星空模樣。下面所列即為這個好用的星空換算表。

在本書中，除了列出每個月分的可見星座圖之外，也會將相同星空的觀察時刻予以詳細列出。加上有時也會有在不同時間察看星空的狀況，所以下表當中也載明發生這種情形時，該使用何月的星座圖來觀賞星空比較好。

例如，在八月初的黎明前深夜二點左右突然醒來，若想抬起頭來觀賞燦爛星空，就能找出這時所看到的星空和十一月的星空相同，所以只要使用第122頁的星座圖來對照欣賞即可。實際上，讀者們也可以想像幾個日期時刻，並從下表當中選出星座圖來練習看看，一定可以發現這個表格與旋轉星座盤和星座模擬一樣方便好用。

上旬	下旬	一月	二月	三月	四月	五月	六月	七月	八月	九月	十月	十一月	十二月
0時	23時	3月	4月	5月	6月	7月	8月	9月	10月	11月	12月	1月	2月
2時	1時	4月	5月	6月	7月	8月	9月	10月	11月	12月	1月	2月	3月
4時	3時	5月	6月	7月	8月	9月	10月	11月	12月	1月	2月	3月	4月
6時	5時	6月	7月	8月	9月	10月	11月	12月	1月	2月	3月	4月	5月
白天	白天												
16時	15時	11月	12月	1月	2月	3月	4月	5月	6月	7月	8月	9月	10月
18時	17時	12月	1月	2月	3月	4月	5月	6月	7月	8月	9月	10月	11月
20時	19時	1月	2月	3月	4月	5月	6月	7月	8月	9月	10月	11月	12月

▲星空換算表。當時間為八月上旬深夜二點時，找出左邊欄中的上旬2點那一列，與上方欄位中八月那一行交叉處即可。如果是表格中間的日期，則是斟酌選用前後月分的星座圖。

春天的星座

櫻花綻放的花信已然飄浮空中,心頭一片歡愉喜悅的春夜裡,星星也在舒暢的夜風中閃耀著燦動的光芒。從北斗七星延伸到達尋星的指標,即會發現優雅的「春季大曲線」已高掛於頭頂上的夜空裡,正在溫柔地邀請我們欣賞巡遊春天的星座呢。

北

仙王座

仙后座

天鵝座

北極星

小熊座

鹿豹座

天琴座

天龍座

武仙座

北斗七星

大熊座

牧夫座

東

北冕座

獵犬座

小獅

后髮座

巨蛇座（頭）

獅子座

蛇夫座

大角星

六分儀

春季大曲線

室女座

巨爵座

天秤座

黃道

角宿一

烏鴉座

天蝎座

半人馬座

觀星時刻
12月下旬：06時
1月上旬：05時
1月下旬：04時
2月上旬：03時
2月下旬：02時
3月上旬：01時
3月下旬：00時
4月上旬：23時
4月下旬：22時
5月上旬：21時
5月下旬：20時

南

春天的星空

　　隨著櫻前線的北上，夜間的寒冷空氣也逐漸淡薄，迎著舒暢夜風享受觀星樂趣的季節也已經到來。不過，星座也有著類似的情況，冬季夜空中那般清晰明亮的星星光芒已開始減弱，變成看似春霞般溫潤朦朧，而映入眼簾的則是各種微弱暗淡的星星了。

　　在春天這般朦朧模糊的星空當中，最先吸引我們目光的，就是高高掛在北方天空的北斗七星。七顆明亮的星星以好似帶柄杓子或是煎鍋那樣的姿態同時並列在空中，看起來多麼地清楚漂亮，只要看上一眼應該就會立刻辨認出來。

　　北斗七星的彎折弧線如同弓箭一般朝向南方延伸，到達牧夫座的橘色一等星──大角星，然後再往室女座的白色一等星──角宿一接續而去，而這就是所謂的「春季大曲線」，也是尋找春季星座的明確目標。從春天開始到初夏的星座，都可以先從「春季大曲線」開始找起來進行觀星。

（譯註：櫻前線，指的是日本各地櫻花開花日期的路線地圖，每年三月開始由日本氣象廳向大眾發表預測日期，也是視欣賞櫻花為國民重要活動的日本春季重要行事。）

三月的星空—北方天空

觀星時刻:
11月上旬：5時
11月下旬：4時
12月上旬：3時
12月下旬：2時
1月上旬：1時
1月下旬：0時
2月上旬：23時
2月下旬：22時
3月上旬：21時
3月下旬：20時
4月上旬：19時

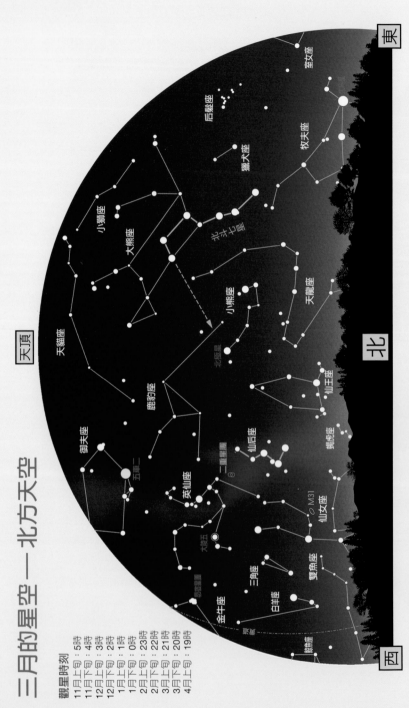

高掛頭上閃耀著黃色光芒的御夫座一等星五車二，吸引了眾人們的目光。在東北方天空高高昇起的北斗七星，代替了低垂在西北方天空仙后座的W字形，而成為尋找北極星的標記。

三月的星空—南方天空

觀星時刻

11月上旬：5時
11月下旬：4時
12月上旬：3時
12月下旬：2時
1月上旬：1時
1月下旬：0時
2月上旬：23時
2月下旬：22時
3月上旬：21時
3月下旬：20時
4月上旬：19時

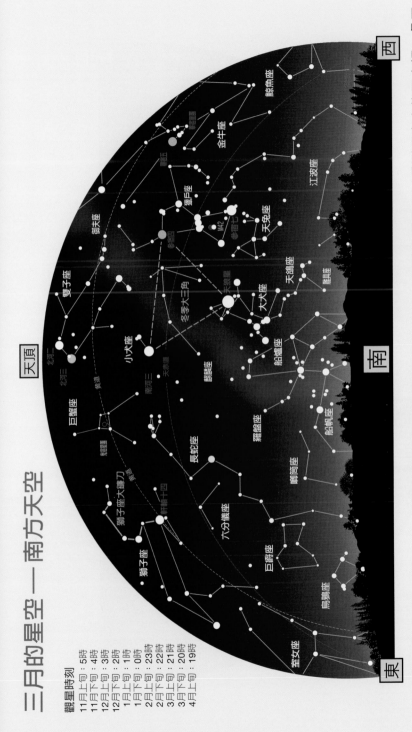

東南方的天空裡，傳出威猛吼叫聲的獅子座正朝往夜空高昇而上。不過，還是可以看到西南方的天空裡，冬天星座所留下的冬天大三角也往往西邊斜傾過去。春天三月的日暮入夜時分，也正是星座的季節交替時刻。

· 023 ·

四月的星空—北方天空

觀星時刻

12月上旬：5時
12月下旬：4時
1月上旬：3時
1月下旬：2時
2月上旬：1時
2月下旬：0時
3月上旬：23時
3月下旬：22時
4月上旬：21時
4月下旬：20時

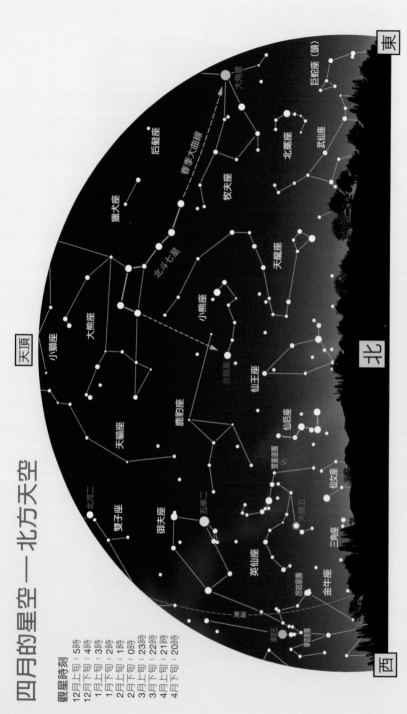

在西方北方的天空，以御夫座一等星——五車二為首的冬季星座群們仍殘留在天際間，不久後將會往西方漸次消失蹤影。而北邊天空裡姿態能萬千引人注目的，正是七顆明亮星星所構成的北斗七星。

四月的星空──南方天空

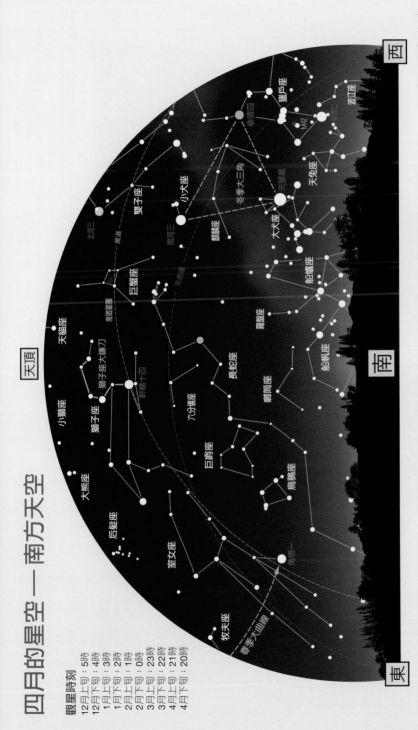

天頂

西

南

東

觀星時刻
12月上旬：5時
12月下旬：4時
1月上旬：3時
1月下旬：2時
2月上旬：1時
2月下旬：0時
3月上旬：23時
3月下旬：22時
4月上旬：21時
4月下旬：20時

北斗七星　黃道　北河三　雙子座　小犬座　南河三　麒麟座　冬季大三角　大犬座　天兔座　獵戶座　參宿四　M42　波江座

天貓座　獅子座大鐮刀　巨蟹座　蜂巢星團　天淵河　船底座　船尾座　羅盤座

小獅座　獅子座　軒轅十四　六分儀座　長蛇座　巨爵座　烏鴉座　船帆座

大熊座　后髮座　室女座　角宿一　春季大曲線　牧夫座　南門二

南方中天高高橫跨著獅子座的勇猛姿態，最吸引我們目光的應該是其頭部如同反折倒轉「？」的「獅子座大鐮刀」星列。西南方天空裡還見得到冬天的大三角，但很快地就會沉入西方裡。

五月的星空—北方天空

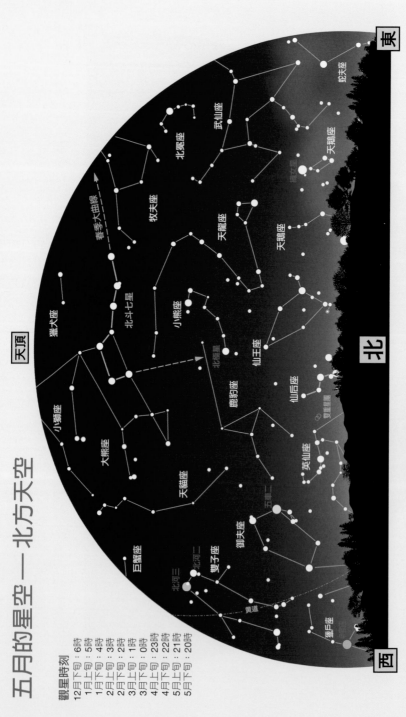

天頂

東

北

西

觀星時刻
12月下旬：6時
1月上旬：5時
1月下旬：4時
2月上旬：3時
2月下旬：2時
3月上旬：1時
3月下旬：0時
4月上旬：23時
4月下旬：22時
5月上旬：21時
5月下旬：20時

日漸遲來的入夜時刻，最先映入眼簾的就是高掛北方天空的北斗七星燦爛光芒。若將北斗七星前端兩顆星星的間隔延長五倍，就能找出持續在正北方天空中綻放光芒的北極星了。

獵犬座
北冕座
武仙座
蛇夫座
春季大曲線
牧夫座
天琴座
天龍座
天鵝座
織女星
小獅座
北斗七星
小熊座
仙王座
大熊座
鹿豹座
北極星
仙后座
天貓座
仙女座
雙星星團
英仙座
巨蟹座
御夫座
雙子座
北河三
北河二
五車二
黃道
獵戶座

· 026 ·

五月的星空——南方天空

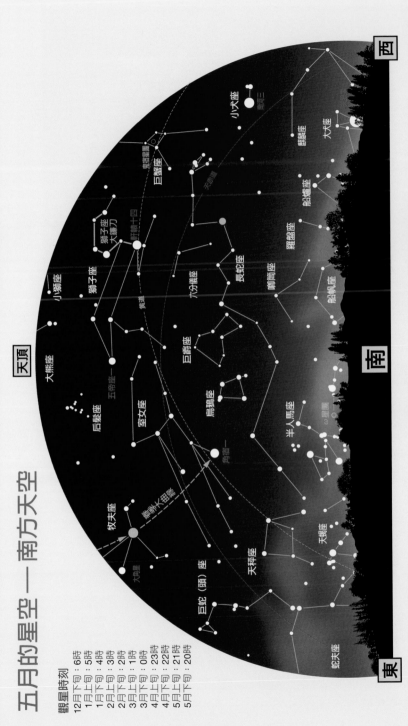

天頂

西

南

東

觀星時刻
12月下旬：6時
1月上旬：5時
1月下旬：4時
2月上旬：3時
2月下旬：2時
3月上旬：1時
3月下旬：0時
4月上旬：23時
4月下旬：22時
5月上旬：21時
5月下旬：20時

大熊座
小獅座
獅子座
大鐮刀
軒轅十四
后髮座
五帝座
室女座
牧夫座
春季大曲線
大角星
巨蛇（頭）座
天秤座
角宿一
天蠍座
蛇夫座
黃道
巨爵座
烏鴉座
半人馬座
ω星團
長蛇座
六分儀座
鬼宿星團
巨蟹座
小犬座
南河三
麒麟座
大犬座
船艉座
羅盤座
唧筒座
船帆座
天赤道

北斗七星的杓柄弧線向南邊延伸，從牧夫座的大角星往室女座的角宿一劃出軌跡，就出現了最引人注目的春季大曲線。同時，在南方中天也出現了長長跨臥夜空的長蛇座，此時也是該星座的最佳觀賞時節。

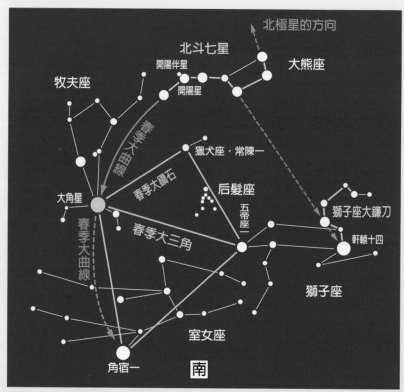

北極星的方向

北斗七星

大熊座

開陽伴星

牧夫座

開陽星

獵犬座・常陳一

春季大鑽石

后髮座

五帝座一

獅子座大鎌刀

大角星

軒轅十四

春季大三角

春季大曲線

獅子座

室女座

角宿一

南

▲春季大曲線與春季大三角、春季大鑽石的連結方法。首要之務就是把三個頗具明顯特徵的連結法找出來。

■春天星座的尋找方法
──春季大曲線、春季大三角

　　若提到尋找春天星座的最佳目標，當然就是北斗七星那如弓般彎折，並且向南伸展的杓柄弧線而延續出來的「春季大曲線」了。所以讀者們應該在腦海中試著描繪看看這個從高掛北方天空的北斗七星開始，經過牧夫座的橘色一等星──大角星，再到達室女座一等星──角宿一的巨大曲線。

　　因為春天的主要星座就在這道美麗的弧線附近，所以若能將「春季大曲線」找出來，甚至連較小的星座都能很快地發現。

　　此外，亦可看看其他的指標，像是把獅子座尾巴處的五帝座一與大角星、角宿一這三者連結而成的「春季大三角」。尋找星座時，不妨就從具有明顯特徵的連結方法開始吧！

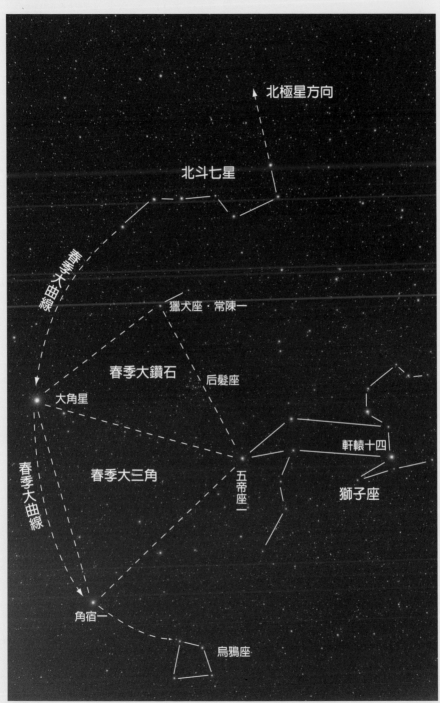

北極星方向

北斗七星

獵犬座・常陳一

春季大鑽石　　后髮座

大角星

軒轅十四

春季大三角　　五帝座一

獅子座

角宿一

烏鴉座

▲春天的星空。找出高掛在北方天空的北斗七星，試著描出春季大曲線。

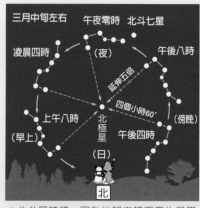

▲北斗星時鐘。因為地球自轉而產生日周運動之故，所以會以每小時15度的速度繞著北極星回轉。

▲北斗星曆。因地球公轉而產生年周運動之故，所以開始能夠看到北斗七星的位置會因為季節而有所不同。

■北斗七星

在春天的夜空當中，會最先映入我們眼簾的就是高昇在北方天空中的北斗七星。因為它那七顆星星排列而成的杓子形狀非常清晰易辨，所以我們在觀察時即可一目瞭然，完全不需花費太多時間來辨認星座的位置。

最中間的三等星雖然稍嫌暗淡，不過因為其餘星星都屬二等星，所以就算是身處一般夜空下的街道，仍然可以辨認出來。只是，要先記得北斗七星的形狀會超乎意料外地巨大，了解後再抬頭仰望尋找會比較容易。

找出北極星

北斗七星其實也是用來尋找北極星這個正北標記的好方法。將前端的 α 星與 β 星連結起來，並將其間隔伸長五倍，就可以看到北極星了。北極星屬於二等星，因旁邊並無明亮星體，所以馬上就可以正確區別出來。

北斗星時鐘

北斗七星每天繞行北極星一圈。以北極星為中心，時鐘指針以逆時間方向回轉，並依照每小時十五度的速度移動，所以只要看到北斗七星顯示的樣子，就可以知道時間的經過即如同上左圖一般。

北斗星曆

北斗七星每天會提早四分鐘於同樣的位置升起。因此，我們可以發現即使每天在相同時刻觀賞北斗七星，還是會因為季節的差異而使位置有所不同。這是因為地球公轉之故，而使春天可在東北方天空高處見到的北斗七星，到了夏天的相同時刻，就會往西北方天空偏移傾斜。

▲已高昇在東北方天空的北斗七星。早春日暮入夜時分的北斗七星好似筆直站起般地升到天空中。

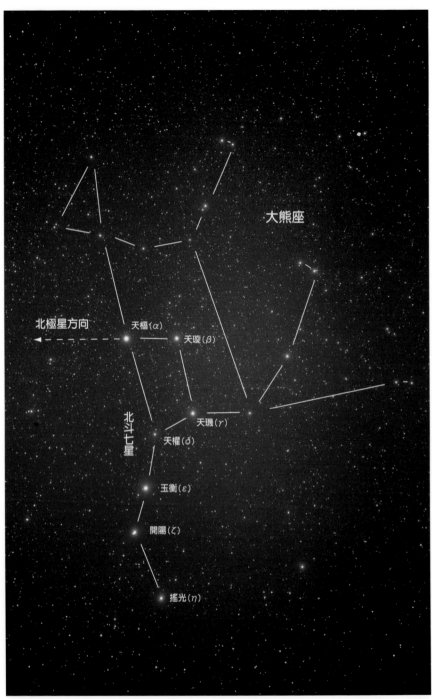

大熊座

北極星方向

天樞(α)　天璇(β)

北斗七星

天璣(γ)

天權(δ)

玉衡(ε)

開陽(ζ)

搖光(η)

▲大熊座。只要將北斗七星與相當於熊爪部分的兩對雙顆星星連結起來，就很容易掌握到全景了。

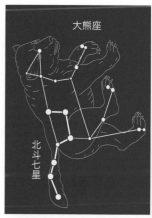

▲大熊座。

▶上圖／M81星系。將北斗七星的α星與γ星連接起來，在位於α星方向兩倍距離之處就能夠見到美麗的漩渦星系。

赤經＝11時0分
赤緯＝＋58度

①20時南中天
　（北）5月3日
②南中天高
　（北）67度
③面積　1280平方度
④肉眼星數　194個
⑤命名者　托勒密
⑥主星　北斗七星的七顆星星。α星為天樞，星名的意義為「大熊」。其他的β星天璇意指「腰部」、γ星天璣意指「大熊的胯部」、δ星天權意指「股間」、ε星玉衡意指「尾巴」、ζ星開陽意指「腰布」、η星搖光（或破軍）意指「大型棺材臺」。
⑦主要天體　開陽雙星。肉眼觀察即可發現。

▲下圖／M81（右）與M82（左）星系。以小型望遠鏡即可在同一視野內看到。M81稍帶渾圓的外形就連使用小型望遠鏡也能清楚察見，另外也可以發現細長的M82呈現著不規則的形狀。

大熊座

大熊 **Great Bear**

Ursa Major Uma

從前，只用北斗七星來形塑出北方天空的巨大熊隻，但是到了現在，則是將其周圍廣大範圍內的星星集合起來，進而勾勒成大熊的姿態。③因為兩邊各別有著相當於熊爪部分的兩顆星星同時並列，所以只要將它們和北斗七星連結起來，巨大的熊就會浮現在夜空當中。

▲小熊座與北斗七星。

▲天北極的日周運動。北半球所有閃耀於夜空當中的星星，都是以天北極為中心而每天回轉一周。這是因為地球的自轉而產生的視覺現象。

赤經＝15時40分
赤緯＝＋78度

①20時南中天
　（北）7月13日
②南中天高
　（北）35度
③面積　256平方度
④肉眼星數　39個
⑤命名者　托勒密
⑥主星　小熊座的 α 星就是所謂的北極星。在日本，自古以來則有過「北極樣」、「妙見」、「子之星」等各式各樣的稱呼。
⑦主要天體　北極星是與九等星並排的雙星，用小型望遠鏡就可以見到。

▶北極星與小熊座。相傳小熊與大熊座母子在天后赫拉的詛咒下得永不止息地繞著天空跑。

北極星

小熊座

小熊座
小熊 **Little Bear**

Ursa Minor UMi

②將正北天空中閃爍著光芒的北極星貼上尾巴，並在北方天空裡團團轉地來來回回的小熊座，是一整年時間當中都可以看到的星座。③與北斗七星極為相似且有如等形縮小般的星星同時排列在天空中的小熊座，應該很容易就令人聯想到出現在星座神話中的大熊、小熊兩母子姿態。⑥北極星是幾乎位處天北極位置，而且還會發出明亮光芒的二等星。

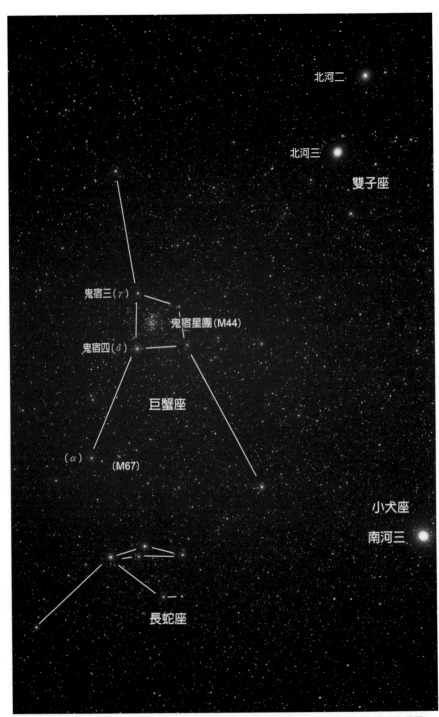

北河二

北河三

雙子座

鬼宿三(γ)

鬼宿星團(M44)

鬼宿四(δ)

巨蟹座

(α)　（M67）

小犬座

南河三

長蛇座

▲巨蟹座。位在殼身部分的疏散星團──鬼宿星團，若以肉眼觀察，只會看到一片朦朧的雲霧。

北河二 ●
北河三 ●

鬼宿星團

巨蟹座

南河三 ●

▲巨蟹座。當希臘神話的英雄海力克斯擊退長蛇座的九頭蛇時，前來援助海德拉而夾住海力克斯腳部的螃蟹，其真正面貌其實正是蟹怪，不過後來當然還是被海力克斯給打敗了。據說它被討厭海力克斯的天后赫拉給大力稱讚而將其變成了星座。

▲鬼宿星團與木星。因為位於黃道之上，所以明亮行星有時會進入星團當中，使用雙筒望遠鏡觀察也是趣味十足。

▶疏散星團M67。是位在緊鄰其 α 星西邊的美麗星團。

巨蟹座
巨蟹 Crab
Cancer Cnc

赤經＝8時30分
赤緯＝＋20度

①20時南中天　3月26日
②南中天高　75度
③面積　506平方度
④肉眼星數　97個
⑤命名者　托勒密
⑥主星　γ星為鬼宿三，星星名字的意思為「北方的小驢子」。δ星則為鬼宿四，星名意指「南方的小驢子」。
⑦主要天體　為疏散星團M44，也就是鬼宿星團。在巨蟹殼身的部分，以肉眼觀察亦呈現模糊朦朧狀。
⑧備註　黃道星座。屬於6月22日～7月23日出生者的星座。

幾乎位在雙子座的北河二、北河三兩顆星星，以及獅子座一等星軒轅十四之間正中央區域的暗淡星座。⑦在沒有月亮的暗黑深夜，仔細觀察相當於巨蟹殼身位置的附近，就可以發現一團模糊朦朧的光芒。如果使用雙筒望遠鏡觀賞，還能夠馬上辨認出這就是聚集許多星星的M44——鬼宿星團。

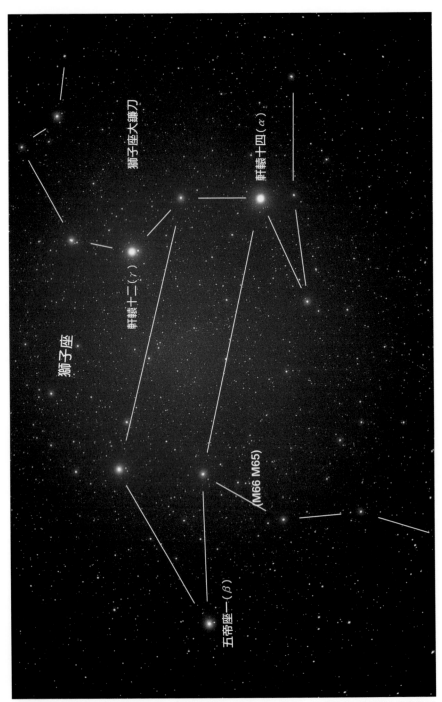

獅子座大鐮刀

軒轅十四（α）

軒轅十二（γ）

獅子座

M66 M65

五帝座一（β）

▲獅子座。將頭部的六顆星連結在一起所形成的「獅子座大鐮刀」，是非常容易理解辨認的形狀。

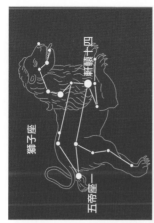

▲獅子座。據說在希臘神話當中的巨獅雖被英雄海力克斯給輕鬆擊退，但牠還是受到了討厭海力克斯的天后赫拉稱讚「作得很好」，最後還是被賞賜變成了天上的星座。

▶星系M65（左）、M66（右），以及NGC3628（上），是位在獅子後腳腿根處的星系群，使用小型望遠鏡就可以在同樣的視野範圍內看到。

赤經＝10時30分
赤緯＝＋15度

①20時南中天　4月25日
②南中天高　70度
③面積　947平方度
④肉眼星數　118個
⑤命名者　托勒密
⑥主星　一等星軒轅十四為其α星，星名的意思為「小王者」。β星則為五帝座一，星名的意思指的是「獅子的尾巴」。
⑦主要天體　位於獅子後腳處的M65及M66星系。γ星軒轅十二是用小型望遠鏡就能觀賞看到的雙星。
⑧備註　黃道星座。屬於7月24日～8月23日出生者的星座。

獅子座
獅子 Lion
Leo Leo

雖然星座呈現出百獸之王獅子般的姿態，不過這卻是頭會吃人且行為稍嫌粗暴、令人懼怕的獅子。⑥位在獅子頭部好似把「？」反轉過來排列的星星，強烈地吸引了人們的視線。這個部分之所以會被稱為「獅子座大鐮刀」，是因為外形與西洋地區用來割草的鐮刀形狀非常相似，所以才會有這樣的名稱。

角宿一

烏鴉座

(M83)

▲長蛇座。蛇背上乘載著烏鴉座、巨爵座、六分儀座等三個星座的巨大星座。位在水蛇海德拉心臟區域閃閃發光的二等星角宿一，是這一帶天空中最引人注目的紅色二等星

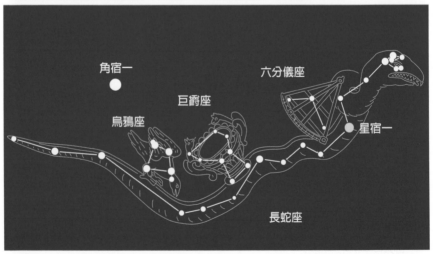

角宿一

六分儀座

巨爵座

烏鴉座

星宿一

長蛇座

▲長蛇座。指的就是希臘神話中擁有九顆頭的狂暴水蛇──海德拉（Hydra）。

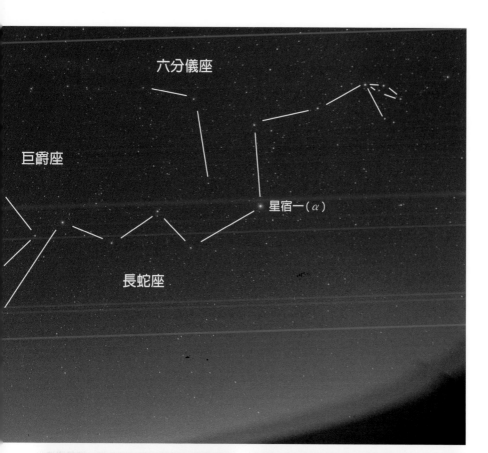

六分儀座

巨爵座

星宿一（α）

長蛇座

赤經＝10時30分
赤緯＝－20度

①20時南中天　4月25日
②南中天高　35度
③面積　1303平方度
④肉眼星數　228個
⑤命名者　托勒密
⑥主星　其 α 星為星宿一。星名的意思為「孤獨者」。另外還有一個別名為「Cor Hydrae」，意指「長蛇之心」。
⑦主要天體　NGC3242行星狀星雲。約在大蛇海德拉的中間位置，因其外形之故，也有人稱其為木星狀星雲。在長蛇尾巴附近則有M83星系，使用小型望遠鏡就可看到了。
⑧備註　黃道星座。屬於7月24日～8月23日出生者的星座。

長蛇座

長蛇 **Water Snake**

Hydra Hya

③細長地橫跨在春季日暮入夜時的南方天空上，是東西全長超過一百度的巨大星座。因而若想一次就能看到完整的星座，就必須在四月中旬晚上十時左右、或是五月中旬大約晚上八時等這類恰當時機才得以一窺全貌。星座的原型來自於希臘神話英雄海力克斯所擊退的水蛇——海德拉。

▲烏鴉座。這個四邊形看似小船的船帆，所以在日本也有為人所熟知的「揚帆星」這個稱呼。

烏鴉座
烏鴉 Crow

Corvus Crv

從春天的大曲線終點——室女座一等星角宿一開始，繼續延長弧線的話，就會到達有著小小四邊形的烏鴉座。③雖然烏鴉座是小星座，但在春季日暮入夜時的南方天空裡，也是非常醒目且容易辨認的星座。在神話當中，牠是阿波羅的飛鳥使者，據說雖曾擁有過一身的銀色羽毛，但因為愛說謊，最後被變成了全身漆黑的烏鴉而丟到星空裡去了。

赤經＝12時20分
赤緯＝－18度

①20時南中天　5月23日
②南中天高　35度
③面積　14平方度
④肉眼星數　27個
⑤命名者　托勒密
⑥主星　其α星為右轄，星名的意思為「帳篷」。是將烏鴉座的小四邊形看成是沙漠中搭起的帳棚而得此名稱。
⑦主要天體　二重星δ星。使用小型望遠鏡就可以見到。

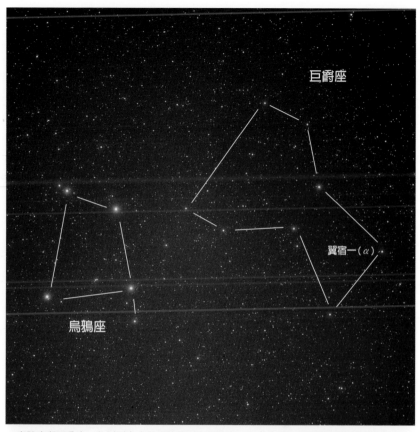

▲烏鴉座與巨爵座。左側引人注目的四角形為烏鴉座，右側巨爵座的星體則稍微暗淡些。

巨爵座

巨爵　Cup

Crater Crt

赤經＝11時20分
赤緯＝－15度

①20時南中天　5月8日
②南中天高　40度
③面積　282平方度
④肉眼星數　34個
⑤命名者　托勒密
⑥主星　其 α 星為翼宿一，星名的意思即為「杯子」。
⑦主要天體　沒有特別重要的星體。

提到巨爵座的杯子，大家應該都會立刻想到玻璃杯。不過，這個星座卻是要用希臘美術中稱為「巨爵」的常見美麗調酒器來想像才對。⑥不過，因為巨爵座全是由暗星所連結而出的星座，所以比起東鄰的烏鴉座，的確是比較難以看出形狀的。

（譯註：krater，古代希臘羅馬，常常用來混和葡萄酒與水的一種調酒壺，名為巨爵。）

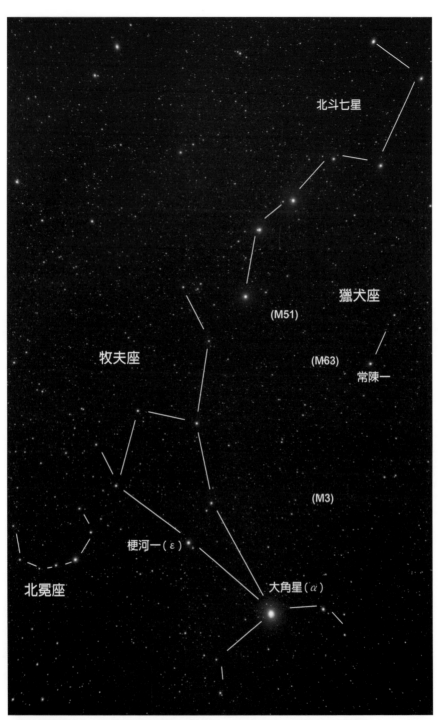

北斗七星

獵犬座

(M51)

(M63)

常陳一

牧夫座

(M3)

梗河一（ε）

大角星（α）

北冕座

▲牧夫座與獵犬座。將這兩個星座視為一體欣賞，會比個別觀察來的更加容易辨認。

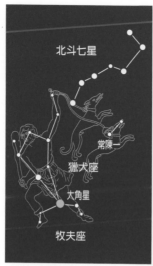

北斗七星

常陳一

獵犬座

大角星

牧夫座

▲北斗七星獵犬座的常陳一與牧夫座大角星。

▶獵犬座的M51帶子星系。看起來就像是大小兩個星系親密地手牽手。

赤經＝14時35分
赤緯＝＋30度

①20時南中天　6月26日
②南中天高　85度
③面積　907平方度
④肉眼星數　118個
⑤命名者　托勒密
⑥主星　橘色的一等星Arcturus，為其α星。在中國被稱為「大角星」，到了日本則被稱為「麥星」。
⑦主要天體　用望遠鏡觀察可見到其ε星梗河一（Pulcherrima），是非常美麗的雙星，甚至還擁有「最美麗之物」的名稱。

牧夫座、獵犬座
Herdsman / Hunting Dogs
Bootes Boo / Canes Venatici CVn

從大角星這顆閃耀在春天大曲線上的橘色一等星開始，將星星們連結出有如領帶般的外形，就會浮現出牽著兩隻獵犬的牧人姿態了。⑥大角星（Arcturus）星名的意思指的是「熊的看守人」，是因為它總是跟著大熊座的北斗七星而在星空回轉繞圈，所以才會有這個名字。

▲獵犬座的M63向日葵星系。是讓人聯想到向日葵的漩渦狀星系。

▲獵犬座的NGC4631星系。雖然不太，但因為緊鄰在一旁，所以可以很快發現。

▲獵犬座的球狀星團M3。是由年齡高達幾百億歲的古老星群們所形成的大集團。

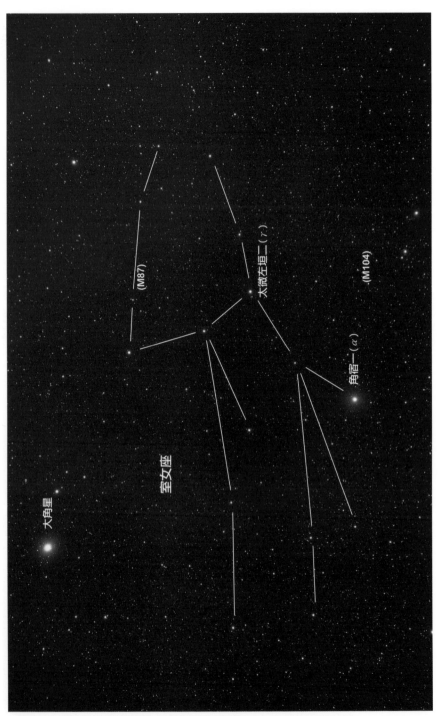

（M87）

大微左垣二（γ）

（M104）

角宿一（α）

室女座

大角星

▲室女座。我們在大角星與角宿一之間可以找到姿態如同女神橫臥般的室女座。

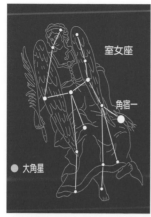

室女座

角宿一

● 大角星

▲室女座。關於這個女神有著各
式各樣的說法，有一說是農業
的女神，也有人認為是正義的
女神等。

▶春天的夫婦星，指的是橘色的
牧夫座大角星（上）與白色的
角宿一。這兩顆星在日本被認
為是一對的星星，並被稱為春
天的夫婦星。大角星的距離約
為37光年，而角宿一的距離則
為270光年。

赤經＝13時20分
赤緯＝－2度

①20時南中天　6月7日
②南中天高　53度
③面積　1249平方度
④肉眼星數　167個
⑤命名者　托勒密
⑥主星　其 α 星為白色
的一等星，角宿一。星
名Spica，意思指的是
「穗」。角宿一就是在
女神所拿的麥穗尖上閃
耀著光芒。
⑦主要天體　γ 星為太微
左垣二，以望遠鏡觀察
即可發現是雙星。用小
型望遠鏡觀察M104墨
西哥帽星系的話也是趣
味十足。
⑧備註　黃道星座。屬於
8月24日～9月23日出
生者的星座。

室女座
Virgin

Virgo Vir

②以春天大曲線的終點——角宿一為主星
的星座，但除了一等星的角宿一之外，即
並無其他亮星。想在春季日暮入夜時的南
方天空找出手持麥穗橫躺的女神姿態，或
許稍嫌困難一些。但大致說來，還是可以
先把星星排列想像為橫躺的Y字，然後再
將星星連結起來即可。

▲室女座的M104墨西哥帽星系。因為樣子很像中南美洲人們所戴的帽子,所以才會擁有這樣的
名稱。

▲室女座的M87橢圓星系,也是座落於室女座星系團正中央的星體大集合。距離我們約5900萬光
年。

▲室女座星系團。在室女座的區域裡有著無數個這樣的星系。

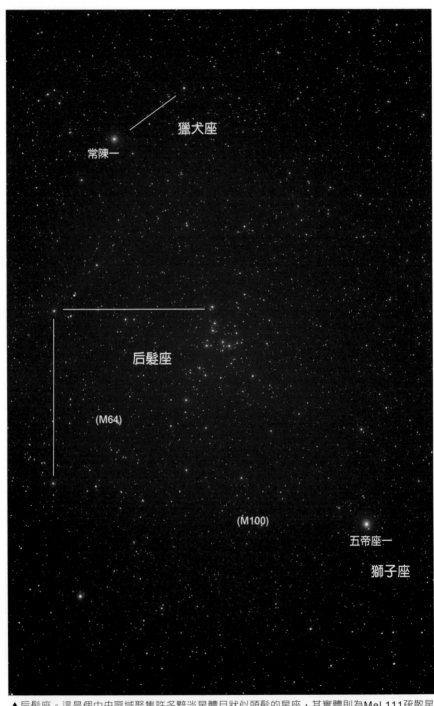

獵犬座

常陳一

后髮座

(M64)

(M100)

五帝座一

獅子座

▲后髮座。這是個中央區域聚集許多黯淡星體且狀似頭髮的星座，其實體則為Mel.111疏散星團。

▲M100漩渦星系，在后髮座到室女座之間，浮現著無以計數像這樣的星系，並且形成了巨大的星團。

▶M64黑眼星系。是中央處可看到黑暗部分的漩渦狀星系。

赤經＝12時40分
赤緯＝＋23度

①20時南中天　5月28日
②南中天高　78度
③面積　387平方度
④肉眼星數　66個
⑤命名者　泰戈‧布拉赫
⑥其 α 星為太微左垣五（Diadem）。此星名的意思為「髮飾」。
⑦主要天體　全體星座就是名為「Mel.111」的疏散星團。星座當中還有許多星系。

后髮座
Berenices Hair
Coma Berenices Com

②春季的夜裡，只要抬頭望向頂上的天空，一定可以注意到有許多小星星聚集而變成一大團。這個由星星群聚而成的大星團，在春霞圍繞的夜裡看起來就像是朦朧暗淡的雲層。將這種欣賞的印象而加以表現形塑的就是后髮座，而且據說它指的就是古埃及王后比麗妮格（Berenices）的美麗秀髮。

北冕座

貫索四（α）

▲北冕座。由七顆星星回轉繞出半圓形。

北冕座

貫索四

◀北冕座。約在中間位置的α星被稱為「貫索四（Gemma）」，意指寶石。是非常適合此星座的名字。

北冕座
Northern Crown
Corona Borealis CrB

③就是在牧夫座緊鄰東邊處，回轉繞出小小半圓形的星座。從春天到初夏都會在我們的頭頂上，一眼就可以認出。據說是以希臘神話中酒神狄奧尼索斯贈送給阿里亞德妮公主的皇冠為原形而創造的星座。在日本，此星座自古以來就有著「車星」、「太鼓星」等稱呼，很傳神地表達了北冕座的半圓形姿態。

赤經＝15時40分
赤緯＝＋30度

①20時南中天　7月13日
②南中天高　85度
③面積　179平方度
④肉眼星數　35個
⑤命名者　托勒密
⑥主星　其α星為貫索四，除Gemma之外還有著Alphecca這個名字，星名的意思為「缺損物之星」或是「有缺口的盤子」。
⑦主要天體　即大致在半圓形星列中間位置的R星。這是沒有預兆就會變暗的變星，平常約為六等星，使用雙筒望遠鏡即可看見。

天貓座

北河二

北河三

▲天貓座。就連創造此星座的赫維利斯（譯註：十七世紀的著名波蘭天文學家。曾自己精心製造許多天文相關器材，包括望遠鏡及日晷等等，還曾經製作過月面圖及星圖。）都說，「要在此處找出山貓的身影，就必須要擁有如同山貓一樣的敏銳眼力才行……」。

▶天貓座。大約在雙子座的北河二、北河三的北邊，到大熊座腳邊一帶，就可以發現天貓座的蹤跡。

赤經＝7時50分
赤緯＝＋45度

①20時南中天
　（北）3月16日
②南中天高
　（北）80度
③面積　545平方度
④肉眼星數　93個
⑤命名者　赫維利斯
⑥主星　位在巨蟹座與獅子座之間區域的α星為三等星，並不容易看到發現，而且此星座也沒有其他的明亮星星。
⑦主要天體　無特別的天體。

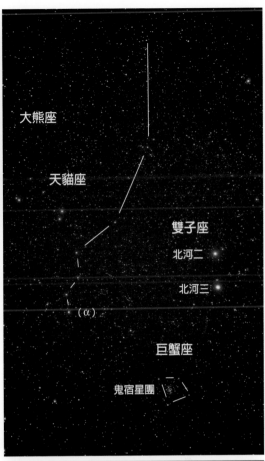

大熊座

天貓座

雙子座

北河二

北河三

（α）

巨蟹座

鬼宿星團

天貓座

Lynx

Lynx Lyn

在北方的天空裡並無吸引人的明亮星體，所以希臘時代也沒有創造出任何星座。⑤後來，十七世紀的波蘭天文學者赫維利斯便將這個部分設定為山貓形態的星座。③雖然天貓座是占據北方天空廣大範圍的星座，但因為沒有明亮的星星，所以要想像出山貓的姿態模樣是很困難的。

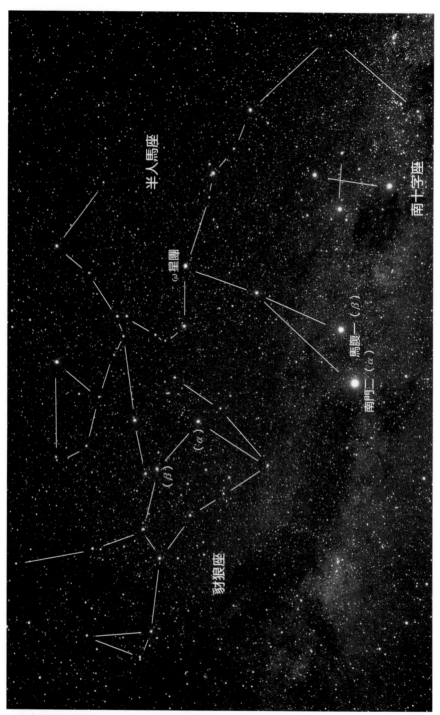

半人馬座

南十字座

ω星團

馬腹一（β）

南門二（α）

（α）

（β）

豺狼座

▲半人馬座與豺狼座。半人馬的後腳旁邊可見到南十字座閃閃發光。

▲半人馬座與豺狼座。

▶半人馬座的ω星團,是位在半人馬腰際區域的大型球狀星團。若位於日本一地,則可於南方地平線附近見到。因為以肉眼觀察會看成三等星左右,所以被命名為用以標記恆星的希臘文字ω。事實上,這是年齡極為古老的星星大集團。

赤經=13時20分
赤緯=－47度

半人馬座
①20時南中天　6月7日
②南中天高　8度
③面積　1060平方度
④肉眼星數　276個
⑤命名者　托勒密
⑥一等星南門二(Rigil Kentaurus),也是此星座的α星。星名的意思為「半人馬族的腳」。以太陽系最近的恆星而為人所熟知。
⑦主要天體　半人馬座的ω星團,以最美麗的球狀星團而聞名。

半人馬座、豺狼座
Certaur / Wolf
Centaurus Cen / Lupus Lup

此星座表現出據說上半身為人、下半身為馬的半人半馬肯達烏爾斯族的馬人姿態,並被形繪為好似持槍刺扎緊鄰東邊的豺狼座一般。②不過,此星座的腳部已在地平線之下,所以在日本的大部分地區都是看不到的(臺灣可見)。⑥此處區域還有距離太陽系最近的南門二這顆星星綻放著燦爛光芒。(第206頁)

▲狩獵女神對著侍女寧芙仙子（居住於森林與泉水旁的妖精）卡莉斯托叱喝著詛咒的言詞。

■大熊座與小熊座

受到天神宙斯喜愛的美麗寧芙仙子——卡莉斯托，產下了如同玉石般晶瑩的兒子——阿爾卡斯。

月亮與狩獵的女神阿爾狄米絲知道之後非常生氣，便對卡莉斯托發下詛咒。不久，卡莉斯托的全身就瞬間長滿濃密獸毛，連甜美嗓音都變成只能發出咩叫狂喊的熊吼聲。於是，變成熊的卡莉斯托便不得不逃往森林的深處。

經過十五年的歲月流逝後，成為英勇獵人的阿爾卡斯在森林中遇見這隻大熊，卻不知道這是懷著思念而靠近的母親卡莉托斯所變身而成的模樣，竟然拉弓將箭射向了她。

據說天神宙斯看見這幕景象後，非常同情母子兩人的命運，便吹起一陣旋風將他們舉向天空，而把這對母子變成了大熊座與小熊座這兩個星座。

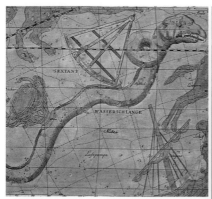

▲長蛇座的古星圖。其實它的原形是九頭蛇。

■海力克斯擊退九頭蛇海德拉

在星座畫當中,長蛇座都被描繪為大蛇般的形態,但其實牠的真實面貌就是住在萊爾納地區阿米墨內沼澤的水蛇,被稱為「海德拉」,也是一隻有著九顆頭的怪物。

英雄海力克斯奉了阿爾哥斯國王烏利斯德斯的命令,決定前去剷除危害人們的海德拉水怪。

海力克斯以棍棒將海德拉九顆吹著毒氣的頭陸續打落,但眼前的景象令人大為驚駭,因為海德拉竟只要掉落一個頭,該處切口就會長出兩個頭,這麼一來就根本永遠除不盡,也打不完。

正當海力克斯一籌莫展時,他帶去的隨從伊歐拉奧斯卻在

▲勇士海力克斯與九頭蛇的對決。

海力克斯打落水怪首級時,用火炬來燒炙水怪的切口。如此一來,海德拉就再也長不出來新的怪頭了。

此外,為了援助海德拉而出現的蟹怪(巨蟹座),也馬上被海力克斯給徹底擊潰。

海力克斯還將已被制服的海德拉水蛇劇毒浸泡在自己的箭頭之上,並且隨身攜帶。而且從此之後,海力克斯就成了所向無敵的英雄。

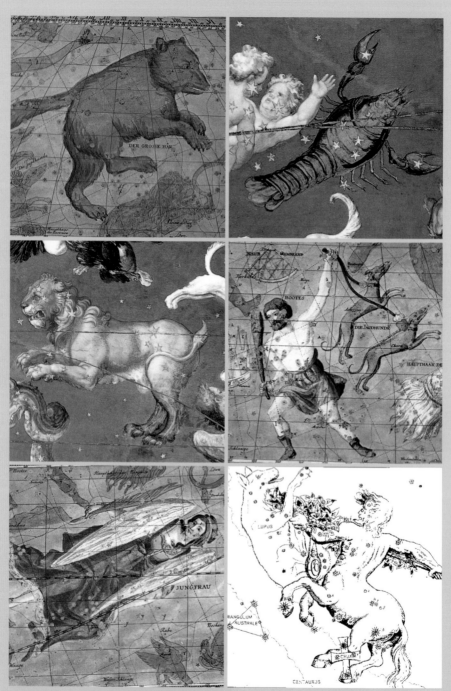

▲春天星座的古星圖。左上為大熊座；右上為巨蟹座；中左為獅子座；中右為獵犬座與牧夫座；下左為室女座；下右為半人馬座與豺狼座。

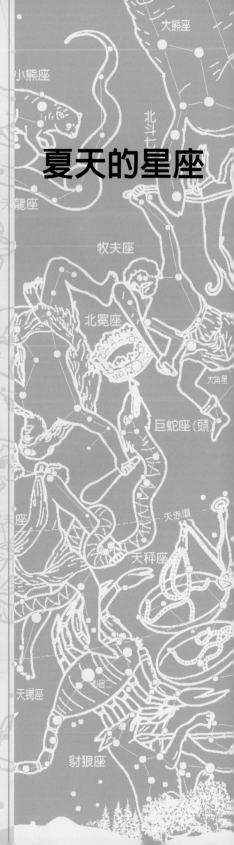

夏天的星座

從漆黑無邊的正南方地平線如同光
線積亂雲般升起的銀河、劃破天際
各處飛舞的流星、浪漫的七夕星空
傳說……。若是用心傾聽數之不盡
的各種星星話題，夏天的夜空可是
永遠看不膩的，甚至讓人還想擁抱
著黑夜而持續不斷地欣賞下去呢！

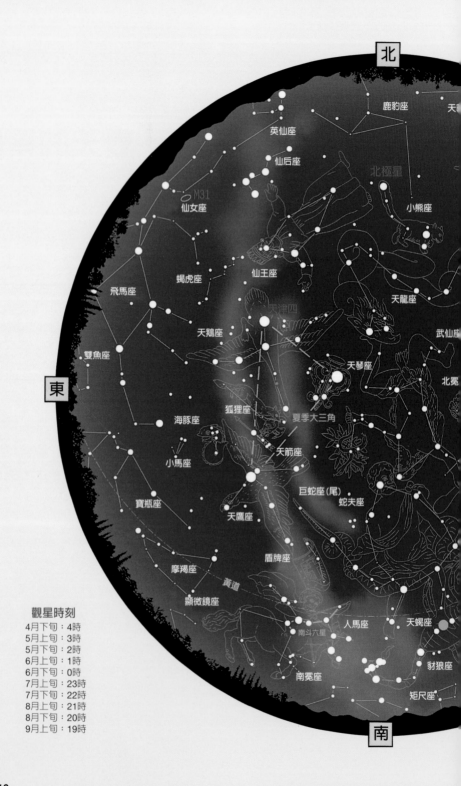

北

鹿豹座

英仙座

仙后座

北極星

仙王座

小熊座

仙女座

M31

天龍座

蝎虎座

飛馬座

天鵝座

天津四

武仙座

雙魚座

天琴座

北冕

東

狐狸座

夏季大三角

海豚座

天箭座

小馬座

巨蛇座(尾)

蛇夫座

寶瓶座

天鷹座

摩羯座

盾牌座

黃道

顯微鏡座

人馬座

天蠍座

觀星時刻
4月下旬：4時
5月上旬：3時
5月下旬：2時
6月上旬：1時
6月下旬：0時
7月上旬：23時
7月下旬：22時
8月上旬：21時
8月下旬：20時
9月上旬：19時

南斗六星

豺狼座

南冕座

矩尺座

南

大熊座

小獅座

獵犬座

獅子座

后髮座

牧夫座

室女座

西

大角星

座（頭）

烏鴉座

天秤座

長蛇座

半人馬座

夏天的星空

　　太平洋高壓持續壟罩，連日高溫讓日間悶熱難當，但一到夜裡蒸騰暑氣卻能隨之緩和，此時正是一邊享受日暮涼爽、一邊欣賞星星的最佳時節。尤其若是能有一段較長時間的暑休，就算是盡情熬夜觀星，也無須擔心翌日學校和工作的狀況，最是令人開心不已。

　　如果情況允許，盡量在夜空黑暗且靜澄的高原及海邊仰望欣賞星空，因為這麼一來，在一般街道夜空無法看得見的夏天銀河，就會從南方的地平線上升起明亮光芒，展現出魄力十足的清晰姿態。而且，我們在頭頂上還可以觀賞到隔著銀河再度重逢的七夕牛郎星與織女星，而它們的風情就如同傳說一般地美麗動人。

　　將上述的織女星與牛郎星，以及閃耀在天鵝座尾端的天津四連結起來，就可以描畫出夜空銀河裡的「夏季大三角」，同時也是夏天到秋天這段時間裡尋找星座的明確指標。

六月的星空—北方天空

觀星時刻
1月下旬：6時
2月上旬：5時
2月下旬：4時
3月上旬：3時
3月下旬：2時
4月上旬：1時
4月下旬：0時
5月上旬：23時
5月下旬：22時
6月上旬：21時
6月下旬：20時

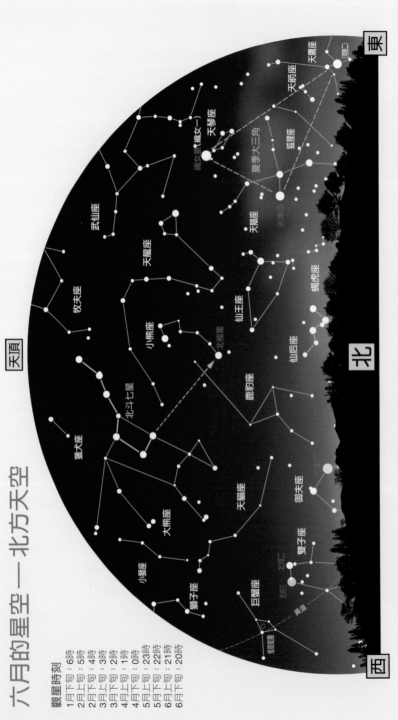

一年當中日暮最遲的季節，而能夠見到星空的時間也開始逐漸變晚。北方的天空仍有著北斗七星吸引著我們的目光，但和之前不同的是，此時已有一部分開始朝往西北方天空回轉。

六月的星空──南方天空

觀星時刻
1月下旬：6時
2月上旬：5時
2月下旬：4時
3月上旬：3時
3月下旬：2時
4月上旬：1時
4月下旬：0時
5月上旬：23時
5月下旬：22時
6月上旬：21時
6月下旬：20時

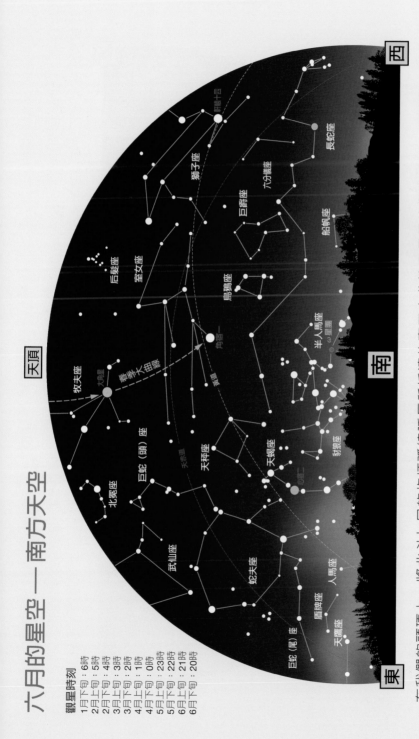

天頂

西

南

東

在我們的頭頂上，將北斗七星的杓柄弧線延長抵達的春天大曲線正是最佳觀賞時節。橘色的大角星也在我們的正上方天空綻放著燦爛光芒。另外，南方中天處的角宿一也極為醒目。

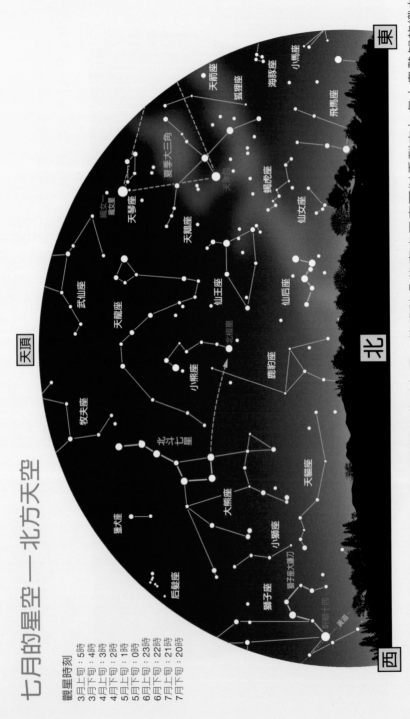

七月的星空—北方天空

天頂

東

北

西

觀星時刻

3月上旬：5時
3月下旬：4時
4月上旬：3時
4月下旬：2時
5月上旬：1時
5月下旬：0時
6月上旬：23時
6月下旬：22時
7月上旬：21時
7月下旬：20時

在西北方的天空可以看到大大翻轉形狀的北斗七星。傍晚時分的東方天空可以看到由七夕大眾熟知的織女星（Vega）、天鵝座的天津四（Deneb）和牛郎星（Altair）組成的夏季大三角。

七月的星空──南方天空

觀星時刻

3月上旬：5時
3月下旬：4時
4月上旬：3時
4月下旬：2時
5月上旬：1時
5月下旬：0時
6月上旬：23時
6月下旬：22時
7月上旬：21時
7月下旬：20時

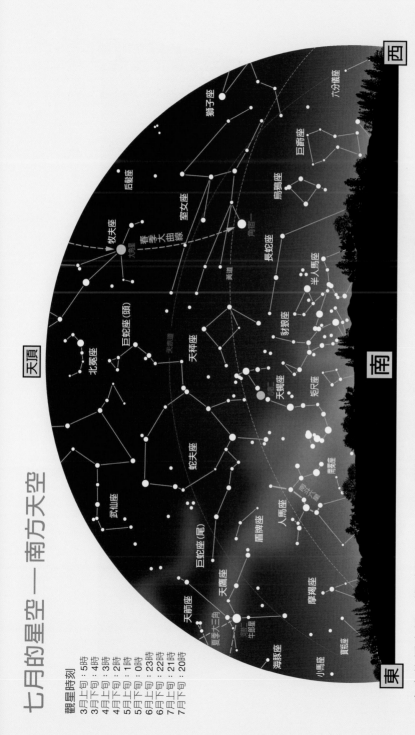

南方的低空裡，格外閃亮的紅色天蠍座一等星──心宿二，正吸引了人們的視線。天蠍座這些明亮星星是以心宿二為中心，整體排列呈現大大的S字形，同時它的尾巴也沉入了燦爛的夏天銀河當中。

八月的星空－北方天空

觀星時刻

4月下旬：4時
5月上旬：3時
5月下旬：2時
6月上旬：1時
6月下旬：0時
7月上旬：23時
7月下旬：22時
8月上旬：21時
8月下旬：20時
9月上旬：19時

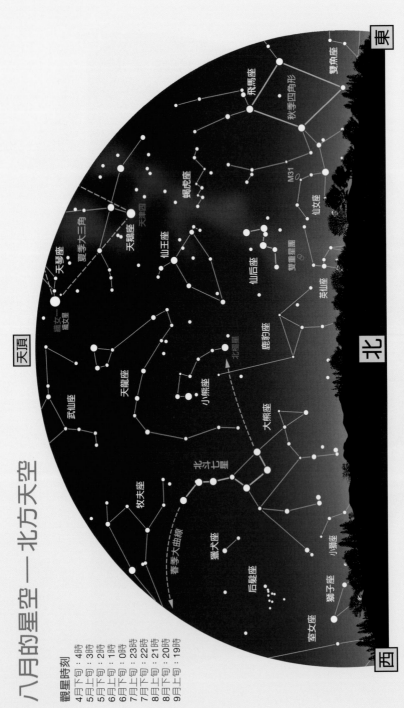

北斗七星在西北方天空裡顛顛倒倒反折，而仙后座的W字形倒是升上了東北方的天空。我們可以看到這兩個用以找出北極星的記號，正好隔著北極星而處於左右兩個方向。

八月的星空 —— 南方天空

觀星時刻

4月下旬：4時
5月上旬：3時
5月下旬：2時
6月上旬：1時
6月中旬：0時
7月下旬：23時
7月下旬：22時
8月上旬：21時
8月上旬：20時
9月上旬：19時

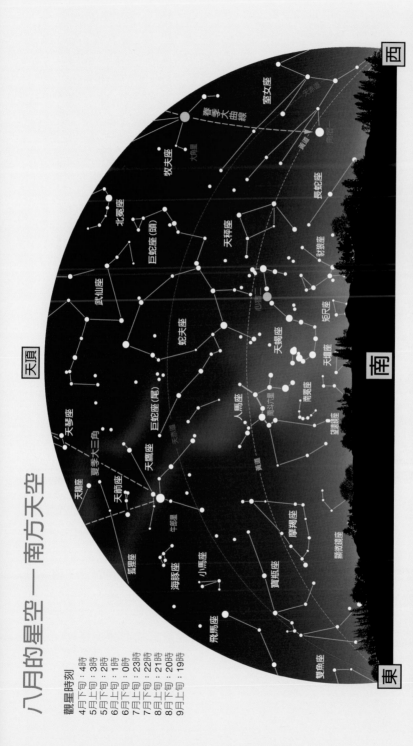

天頂

西

南

東

高掛正南天空的銀河光芒美麗動人，不過光芒稍嫌暗淡，所以要盡量在夜空黑暗澄澈的場所觀察欣賞。此時也是欣賞天蠍座S字形弧線與人馬座南斗六星的最佳時節。

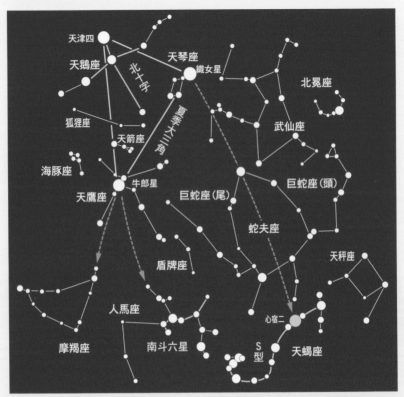

▲夏天星座的尋找方法。只要利用夏季大三角，就很容易找到銀河周邊的星座了。

■夏天星座的尋找方法
——夏季大三角與銀河

尋找夏天的星座時，最顯而易見的指標就是由天琴座的織女星（織女一）、天鷹座的牛郎星（河鼓二）與天鵝座的天津四等三個一等星所形成的「夏季大三角」的大直角三角形。如果將這個三角形的每一邊個別延長伸展，就很容易找出夏天的星座及星星的位置。

在夏季大三角中，天琴座的α星當然就是指七夕的織女星，而天鷹座的α星就是牛郎星。就如同傳說一般，這兩顆星就是隔著銀河而各在兩岸綻放光芒。

夏季裡明亮光輝的銀河，會從頭上的夏季大三角一帶往南方地平線傾流而下，不過若無法找到夜空暗黑澄澈的場所，就很難清楚觀察欣賞了。

天津四

織女星

牛郎星

心宿二

▲夏季大三角與銀河的光芒。在與前頁圖表幾乎相同的範圍所拍攝的照片。

▲夏季大三角與銀河。左上端是天鵝座的天津四，中央右端是天琴座的織女星，而下端則是天鷹座的牛郎星。另外，我們還可見到明亮的銀河光芒橫跨在中央部位。

▲人馬座附近的銀河。在夏夜南方低空的人馬座附近一帶，銀河的光芒會變得最明亮且最廣泛。這是因為銀河系的中心方向就位在人馬座的方向。另外，我們也可發現其中還參雜有明顯的暗黑帶。

心宿二（α）

（M80）

（M4）

（M6）

天蝎座

（M7）

▲天蝎座。以鮮紅的一等星心宿二為中心而劃出的弧線非常醒目。

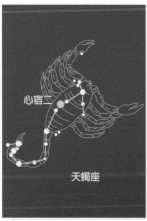

心宿二

天蝎座

▲ 天蝎座。據說冬天的獵戶座非常害怕這尾蝎子，所以不會和天蝎座同時出現在此時的天空裡。

▶ 上圖 / 心宿二與火星。心宿二（Antares）這顆星星的名字意思即指「火星之敵」。因為這兩顆星看起來像是互相競爭鮮紅程度而有此命名。

▶ 下圖 / 左邊為心宿二，右邊為火星。使用小型望遠鏡即可看見。

赤經＝16時20分
赤緯＝－26度

①20時南中天　7月23日
②南中天高　29度
③面積　497平方度
④肉眼星數　169個
⑤命名者　托勒密
⑥主星　紅色一等星心宿二（天蝎座 α 星）。星名的意思為「火星之敵」。別名「Cor Scorpii」，即為「天蝎心臟」之意。
⑦主要天體　疏散星團M6與M7。位於蝎尾的地方，用肉眼觀察就能看得到。
⑧備註　黃道星座。為10月23日～11月22日出生者的星座。

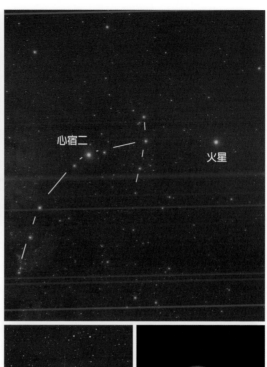

心宿二

火星

天蝎座
Scorpion

Scorpius　Sco

②抬頭仰望盛夏日暮入夜時的南方天空，就能夠看到以鮮紅的一等星心宿二為中心，並將數顆明亮星星連結形成的大Ｓ字形弧線，這就是為人熟知的夏季代表性星座──天蝎座。據說這是一條要刺殺冬季獵戶座的大蝎子，因為有著星座當中難得的完整形狀，所以觀賞時必可一目瞭然、清晰可辨。

(M6)

(M7)

▲疏散星團M6與M7。是位於天蝎座尾端，以肉眼觀察即可發現存在的星團。

(M4)

心宿二

▲心宿二附近區域。雖然無法以肉眼觀察，但從照片則可發現其中還參雜有瀰漫星雲與暗黑星
雲。

▲球狀星團M80。是體積較下方M4更為小些的球狀星團。利用望遠鏡觀察則可見到其模糊並且呈現圓形狀。

▲球狀星團M4。就在緊鄰心宿二西邊之處，以球狀星團而言，是星星較為稀疏的星團。

▲哈伯太空望遠鏡所看到的球狀星團M80。球狀星團都是由數十萬顆老齡星星聚集而成的大星團。

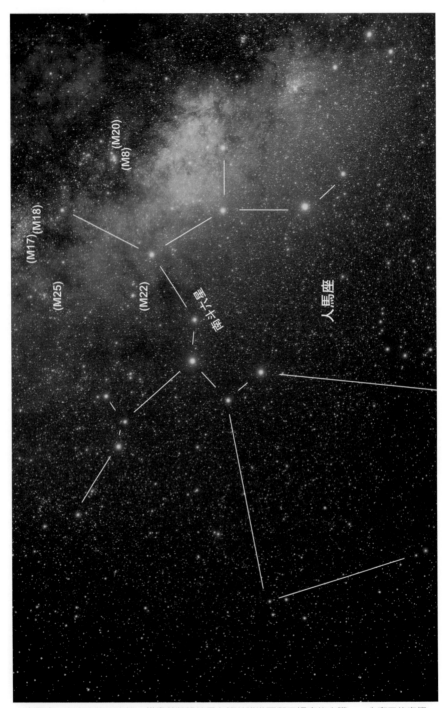

(M20)
(M8)

(M17)
(M18)

(M25)

(M22)

南斗六星

人馬座

▲人馬座。在南方的天空裡，描畫著凱隆拉弓上箭並瞄準西鄰天蝎座的心臟——心宿二的姿態。
據說他是為希臘神話中登場的英雄們施以教育的賢人。

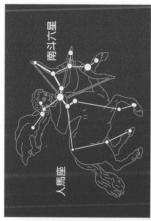

▲人馬座。所展現的是射弓的人馬姿態。

▶上圖／瀰漫星雲M17。也稱為亞米茄（Ω）星雲或是天鵝星雲，是形狀清晰的明亮發射星雲。以小型望遠鏡觀察就很容易看到。

▶下圖／球狀星團M22。就位於緊鄰南斗六星的北邊區域，使用雙筒望遠鏡的話，則可見到其暈染模糊且呈圓形狀。

赤經＝19時0分
赤緯＝－25度

①20時南中天　9月2日
②南中天高　30度
③面積　867平方度
④肉眼星數　194個
⑤命名者　托勒密
⑥主星　由六顆星星所形成的南斗六星最是明顯。
⑦主要天體　多是像M8礁湖星雲、M20三裂星雲、M17亞米茄（Ω）星雲等明亮的瀰漫星雲與球狀星團。
⑧備註　黃道星座。為11月23日～12月22日出生者的星座。

人馬座
Archer

Sagittarius Sgr

盛夏的日暮入夜時分，從夏天的大三角傾流而下的銀河，在南方地平線的附近更顯厚重，幅度也隨之加寬。②而人馬座已有一大半都沉入夏天銀河最明亮的部分當中，展現出半人半馬的樣態。⑥此時最先映入我們眼中的星列，就是與北斗七星非常相似的南斗六星的部分。

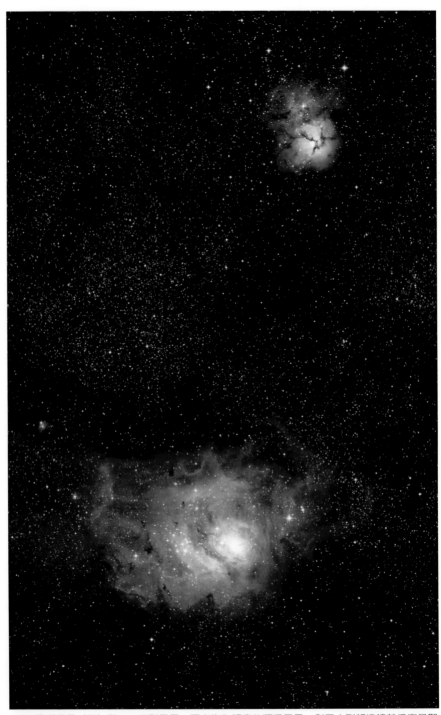

▲M8礁湖星雲（下）與M20三裂星雲。兩者均為明亮的瀰漫星雲，利用小型望遠鏡就很容易觀
　察到了。

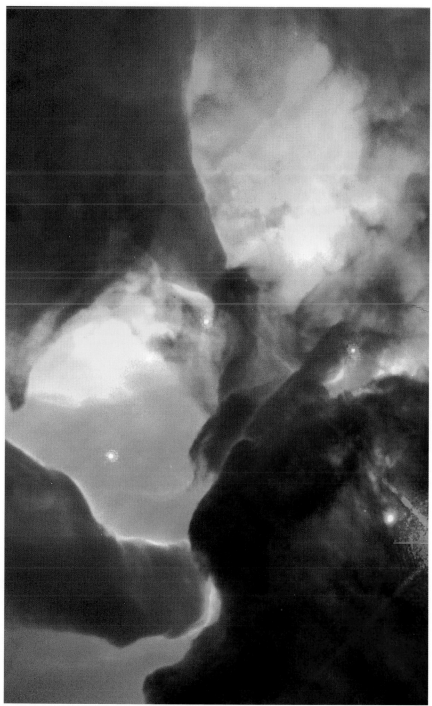

▲哈伯太空遠鏡所拍到的M8礁湖星雲的中心部分。我們可以看到星雲的氣體呈現著龍捲風般的複雜樣態。

▲銀河系中心方向的銀河。我們的銀河系是有如右上漩渦星系M83（長蛇座）一般，旋著二千億
個星星的星體大集團。夏天的銀河是我們從內側觀察該銀河系所見到的部分。

氐宿一($\alpha^{1\sim2}$)

天秤座

天蝎座

▲天秤座，是曾經被認為天蝎座一部分的星座，當中也有星星的名字被稱為天蝎鉗子之意。

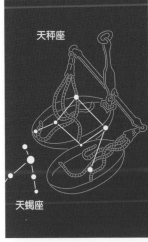

▲天秤座。使用這個天秤來審定正邪的女神阿絲特里亞,也被認為是西鄰的室女座所描繪的姿態模樣。

▶肉眼可視雙星α星。即使以肉眼觀察,也可以發現是大小兩顆星星緊靠依偎在一起的雙星,讀者們務必要欣賞看看。

赤經=15時10分
赤緯=－14度

①20時南中天　7月6日
②南中天高　41度
③面積　538平方度
④肉眼星數　80個
⑤命名者　托勒密
⑥主星　α星是氐宿一
（Zubenelgenubi）。
星名的意思是「南方之爪」。這是因為此星曾被當作是天蠍座雙前之一的緣故。
⑦主要天體　α星是用肉眼即可觀察得見的雙星。
⑧備註　黃道星座。為9月24日～10月22日出生者的星座。

天秤座
Scaler

Libra Lib

②仔細地觀察幾乎就在室女座白色一等星角宿一與天蠍座紅色一等星心宿二的中間位置,一定可以發現有三顆星的排列呈現如同「く」字反轉般的形狀,這就是我們所說的天秤座。據說這個星座就是正義女神阿絲特里亞審定善惡時所使用的天秤。

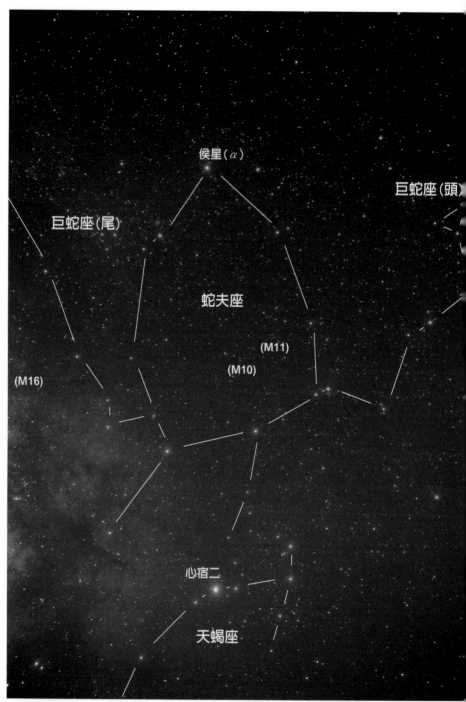

侯星(α)

巨蛇座(頭)

巨蛇座(尾)

蛇夫座

(M11)

(M10)

(M16)

心宿二

天蠍座

▲蛇夫座與巨蛇座。將星星連結而成日本象棋棋子一般形狀的就是蛇夫座。被蛇夫座兩手抓著的則是巨蛇座，也是頭尾分別位於東西兩邊的巨大星座。將兩者合而為一同時觀察會更明顯清楚。

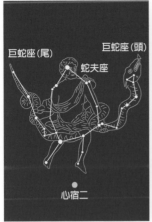

巨蛇座(尾)　　　　　　巨蛇座(頭)

蛇夫座

心宿二

▲蛇夫座與巨蛇座。這個手抓大蛇的巨人就是醫神阿斯克波斯的身形，而脫皮後再生的巨蛇也被當作是健康的象徵。

▶上圖／巨蛇座的瀰漫星雲M16。

▶下圖／蛇夫座腳下附近的Ｓ字形暗黑星雲。以銀河的星星為底而浮現出來的漆黑區域。

赤經＝17時10分
赤緯＝－4度

蛇夫座
①20時南中天　8月5日
②南中天高　51度
③面積　948平方度
④肉眼星數　161個
⑤命名者　托勒密
⑥主星　其α星為候星（Rasalhague）。星名意指「帶蛇之人的頭部」。
⑦主要天體　多為球狀星團。M10、M12等星團以小型望遠鏡即可看到。

蛇夫座／巨蛇座
Serpent Bearer / Serpent
Ophiuchus Oph / Serpens Ser

③蛇夫座是夏季日暮入夜時分高掛在南方中天的大型星座。再加上它與巨蛇座緊鄰相纏，所以規模大小更是大上一等。②不過，因為蛇夫座的明亮星星很少，因而若能找到天蝎座的鮮紅一等星心宿二的北側位置，再轉往好似畫出大型日本象棋棋子的星星，就能看到蛇夫座了。

(M16)

(M17)

▲以雙筒望遠鏡所見到的巨蛇座M16瀰漫星雲，以及人馬座的瀰漫星雲M17。並且淡淡地浮現在
銀河的微光星之上，利用望遠鏡所看到的姿態，可於本書第89頁見到M16；而81頁亦刊載了
M17的情況。

▲從哈伯太空望遠鏡所觀察到的M16中心部位。在如同入道雲一般升起的部分，有著大量的塵埃與氣體，並從該處誕生了一些新生的星體。背後的光是由此種情況誕生的星體的光芒。

織女星

(M13)

武仙座

帝座(α)

▲武仙座。巨人海力克斯上下顛倒的姿態，都是由亮度較暗的星星所形繪而成的星座。

織女星

武仙座

▲武仙座。如果把約在中間部位的 H 形彎折星列視為海力克斯的身體，就很容易瞭解了。

▶球狀星團M13。如果使用雙筒望遠鏡，看起來會是模糊朦朧的圓形光芒，但以望遠鏡觀察的話，就可以看到該處有著無數的星星密密麻麻地擠著而呈現球狀的一大集團。是務必要利用大口徑望遠鏡來觀察欣賞的天體之一。

赤經＝17時10分
赤緯＝＋27度

①20時南中天　8月5日
②南中天高　82度
③面積　1225平方度
④肉眼星數　234個
⑤命名者　托勒密
⑥主星　其 α 星為帝座（Ras Algethi），星名意指「下跪者的頭部」。
⑦主要天體　位在海力克斯腰部一帶的大型球狀星團M13。使用小型望遠鏡就可以看到 α 星即為雙星

武仙座
Hercules

Hercules Her

這是將希臘神話中首屈一指的英雄——海力克斯的英勇姿態予以展現出來的星座，雖然是個看似極為活躍的星座，但實際上此星座並沒有明亮的星體，所以在星空中也不太醒目。而且當它位於夏天日暮入夜時分的頭頂上時，描繪出來的卻是上下顛倒的巨人姿態，所以的確是比較難以辨認的大型星座，不過詳細觀察天琴座的織女星與北冕座之間的區域，應該就可以發現他的身影。

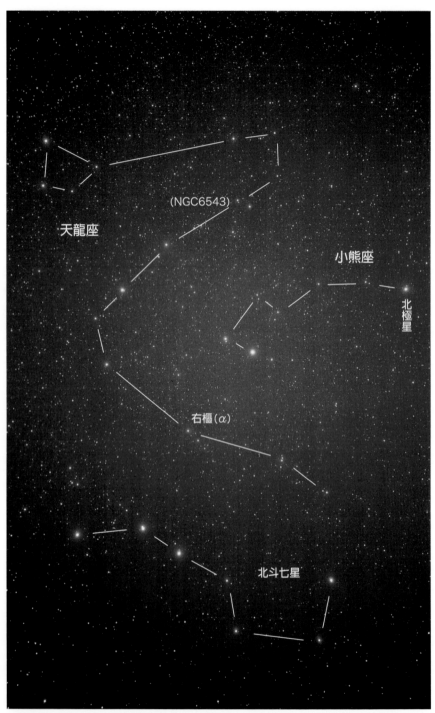

天龍座

(NGC6543)

小熊座

北極星

右樞(α)

北斗七星

▲天龍座。在距今五千年前的古埃及時代，天龍座的 α 星右樞這顆星，曾被當作是北極星。

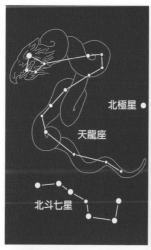

▲ 天龍座。盤踞於北方天空的這條龍，是在神話當中擔任看守赫斯伯里德斯（Hesperides）庭院中金蘋果樹工作的那條火龍。

▶ 行星狀星雲NGC6543，另外也被稱為「貓眼星雲」。正在迎接生涯終點的中心星星，正在散發逸出星星的氣體。

赤經＝17時0分
赤緯＝＋60度

①20時南中天
　（北）8月2日
②南中天高
　（北）65度
③面積　213平方度
④肉眼星數　80個
⑤命名者　托勒密
⑥其 α 星為右樞
　（Thuban），星名的意思是指「龍」。西元前2790年，是在距離天北極最近的位置上，所以被當作是埃及時代的北極星。
⑦主要天體　以「貓眼星雲」而為人熟知的行星狀星雲NGC6543。

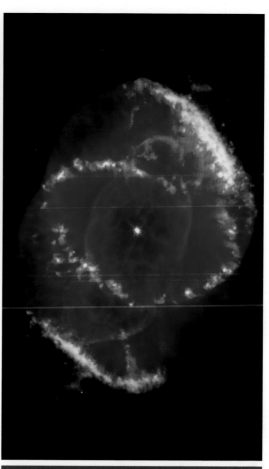

天龍座
Dragon

Draco Dra

①高高盤在北方天空的天龍座，雖然是一整年都可以見到的星座，不過要想在日暮入夜時分輕鬆看到它高掛天空，也還是只有在夏天這段時間。②噴著烈火的龍頭就位在天琴座一等星織女星的北邊，從此處開始會大力伸展身體，然後在小熊座與北斗七星之間擠入尾巴，就這樣在北方天空回轉了半圈。

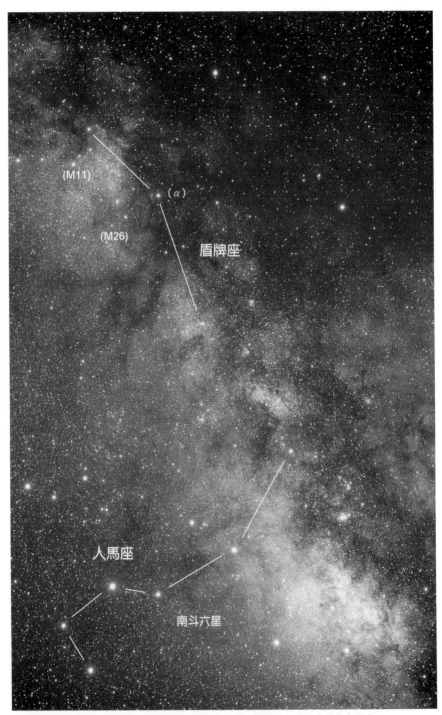

(M11)

(α)

(M26)

盾牌座

人馬座

南斗六星

▲盾牌座。在南斗六星的碩大明亮銀河部分更上方處，範圍稍小的部分就是人馬座。

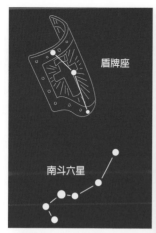

盾牌座

南斗六星

▲盾牌座。為了稱頌十七世紀末大破土耳其軍隊的波蘭王索比愛思基約翰三世，赫維利斯便新設定了此星座，所以此星座亦被稱為「索比愛思基的盾牌」，也是極少數因歷史真實事件而創造訂定的星座。

▶疏散星團M11。以小型望遠鏡觀察的話，可以看到浮現在銀河微光星中的星群十分美麗動人。

赤經＝18時30分
赤緯＝－10度

①20時南中天　8月25日
②南中天高　45度
③面積　109平方度
④肉眼星數　29個
⑤命名者　赫維利斯
⑥主星　明亮度為四等星的α星。
⑦主要天體　疏散星團M11與M26。

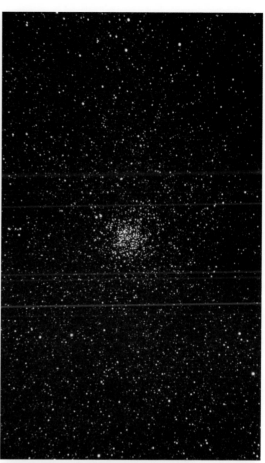

盾牌座
Shidld

Scutum Sct

盾牌座的南斗六星一帶，是夏天銀河格外明亮的部分，不過在其緊鄰的北邊，還有著另一個增添銀河光亮的部分。⑦該區域被稱為「小星雲」，而盾牌座就是剛好位在當中的小星座。⑥因為盾牌座沒有明亮的星星，所以要在能夠見到銀河繁星的明亮場所尋找才行。

天琴座

織女星(α)

(M57)

(M56)

▲天琴座。將明亮的織女星與小平行四邊形的星列連結起來，就可以看到奧爾菲斯的豎琴了。

▲天琴座。

▶上圖／織女星。為在距離地球25.3光年的地方。「Vega」這個名字是「俯衝的老鷹」的阿拉伯語。織女星與旁邊的兩顆小星星連結為「へ」字形時，看起來就像是收起雙翼的老鷹。

▶下圖／球狀星團M56。位在天琴座與閃耀於天鵝座嘴喙處的輦道增七兩者的中間地帶。

赤經＝18時45分
赤緯＝＋36度

①20時南中天　8月9日
②南中天高　90度
③面積　287平方度
④肉眼星數　70個
⑤命名者　托勒密
⑥一等星織女星（Vega）為其α星。星名的意思是由「俯衝的老鷹」而來。中國名字為七夕傳說當中的「織女星」，而日文名字則為「織姬」。
⑦主要天體　行星狀星雲M57。另外也以環狀星雲而為人熟知，使用小型望遠鏡就可以清楚觀賞。

天琴座
Lyre
Lyra Lyr

②被稱為盛夏黑夜女王的一等星織女星這個星座，只要在盛夏日暮入夜時分抬頭觀看頂上天空，即可一目瞭然而輕鬆分辨出來。據說這星座就是神話當中著名琴手奧爾菲斯從父親阿波羅處得到的豎琴。⑥Vega這顆星也因七夕的「織女星」名字而為人所熟知，但在星座裡，它卻是位在裝飾豎琴的寶石位置上閃耀著動人光芒。

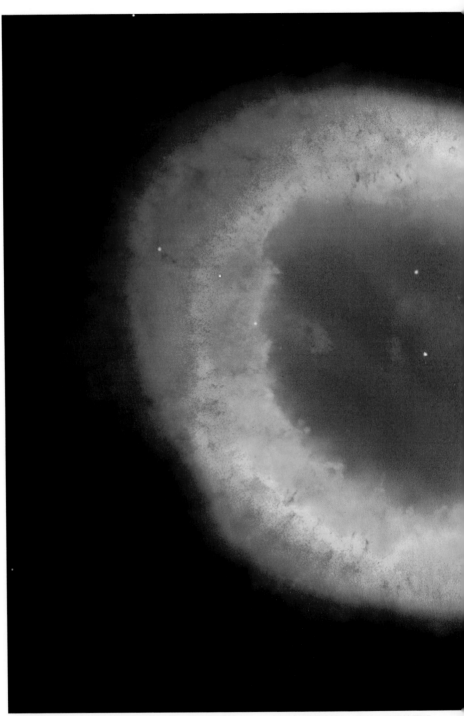

▲使用哈伯太空望遠鏡所看到的天琴座行星狀星雲M57，也被稱為環狀星雲。從中心星星位置逸
離的氣體，正慢慢地向外側逐漸擴散開來。右上的照片是利用小型望遠鏡所觀看到的景象。

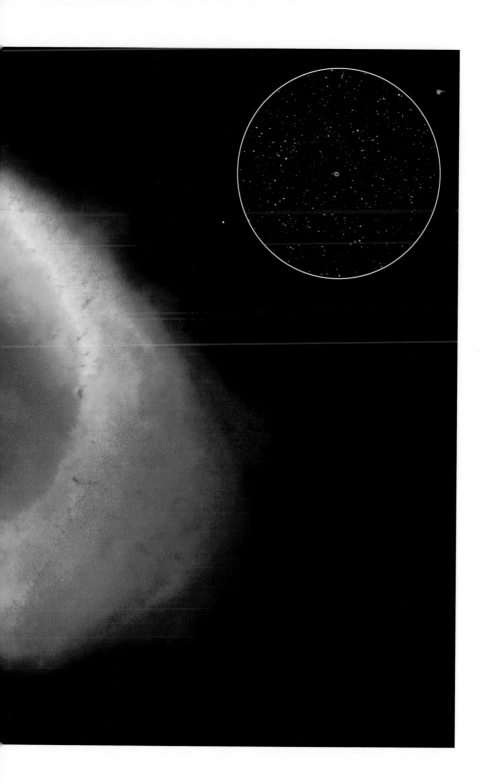

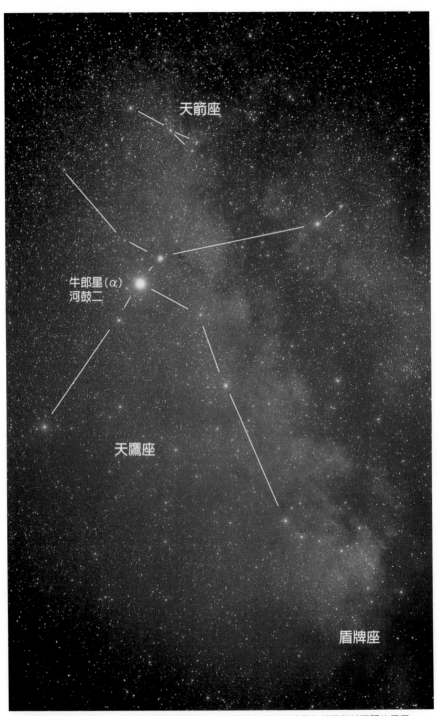

天箭座

牛郎星(α)
河鼓二

天鷹座

盾牌座

▲天鷹座。在銀河當中，展翅高飛的老鷹英姿，但最引人目光的卻是牛郎星與其兩翼的星星。

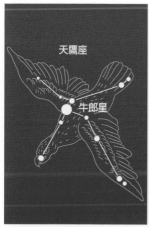

天鷹座

牛郎星

▲天鷹座。被認為是希臘神話當中，將地上所有發生事情告訴天神宙斯的情報員。

▶上圖／牛郎星（河鼓二）。距離地球約16.8光年。實際上，與七夕的織女星之間有著14.8光年的距離，這可不是一個晚上就可以到達的距離。

▶下圖／行星狀星雲NGC6781，是屬於小型輪狀的行星狀星雲。

赤經＝19時30分
赤緯＝＋2度

①20時南中天　9月10日
②南中天高　57度
③面積　652平方度
④肉眼星數　116個
⑤命名者　托勒密
⑥主星　白色的一等星為其α星（Altair）。星名的意義為「飛翔的老鷹」。中國名字為「牛郎星」（河鼓二），日本名字則為「彥星」。
⑦主要天體　並無特別天體。

天鷹座
Eagle

Aquila Aql

一等星Altair，是以七夕牛郎星而聞名的星星。位在銀河的東岸且兩邊分別帶領著小星星的姿態是非常醒目的。⑥據說在從前的阿拉伯地區，就將這三顆星排列為一直線的樣子，當作是飛翔在沙漠上空展翅高飛的老鷹英姿。而Altair這個代表「飛翔的老鷹」的星名也是由此而來。

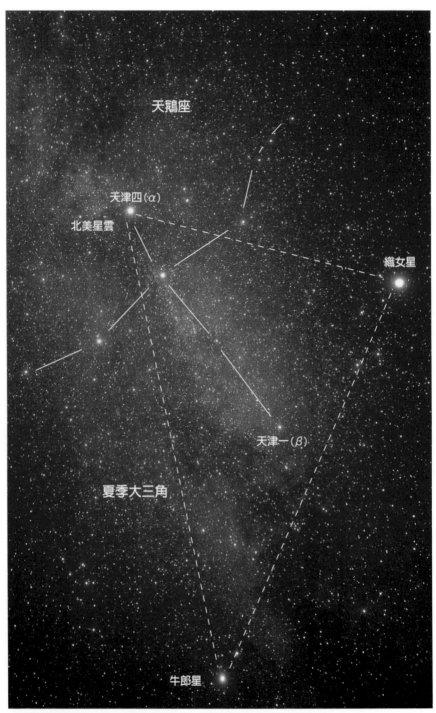

天鵝座

天津四(α)

北美星雲

織女星

天津一(β)

夏季大三角

牛郎星

▲天鵝座與夏季大三角。天鵝座的北十字,將頭部探進了夏季大三角之中。

▲天鵝座。其閃耀於尾部的一等
星天津四，與天琴座的織女
星、天鷹座的牛郎星同時成為
形成夏季大三角的重要星體之
一。此三星的距離為織女星
25.3光年、牛郎星為16.8光
年，雖然是比較近的，但天津
四卻位在大約2000光年的遠
方，由此更可了解，天津四這
顆星的實體大小是非常驚人
的。

赤經＝20時30分
赤緯＝＋43度

①20時南中天
　（北）9月25日
②南中天高
　（北）82度
③面積　804平方度
④肉眼星數　262個
⑤命名者　托勒密
⑥主星　白色的一等星天
　津四（Deneb）為其 α
　星，星名的意思為「尾
　巴」。至於 β 星輦道增
　七（Albireo），雖然
　星名的意義不明，但卻
　因是色彩美麗的雙星而
　頗具知名度。
⑦主要天體　被稱為北美
　星雲的瀰漫星雲，位置
　就緊鄰著天津四一旁，
　以肉眼即可發現觀賞。

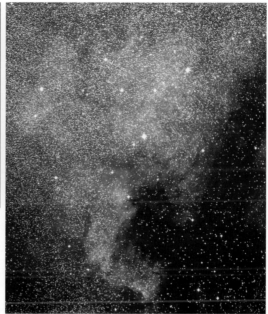

▲北美星雲。位在天津四旁
邊的瀰漫星雲，外形與北
美洲的地圖極為相似。

▶輦道增七，天鵝座的 β
星。位於天鵝嘴部綻放光
芒的美麗雙星。也曾經出
現在宮澤賢治的《銀河鐵
道之夜》一書當中而頗為
知名。

天鵝座
Swan

Cygnus Cyg

②此星座以巨大的十字形，展現出飛翔在
夏季頭頂上銀河中宛若天鵝般的優雅姿
態。這個美麗的星列也被稱為北十字，因
為光彩奪目有如閃耀在南半球天空的南十
字，所以非常容易辨認出來。據說這隻尾
部有著一等星天津四綻放燦爛光芒的天
鵝，就是天神宙斯前往會見勒達女皇時所
變身而成的姿態。

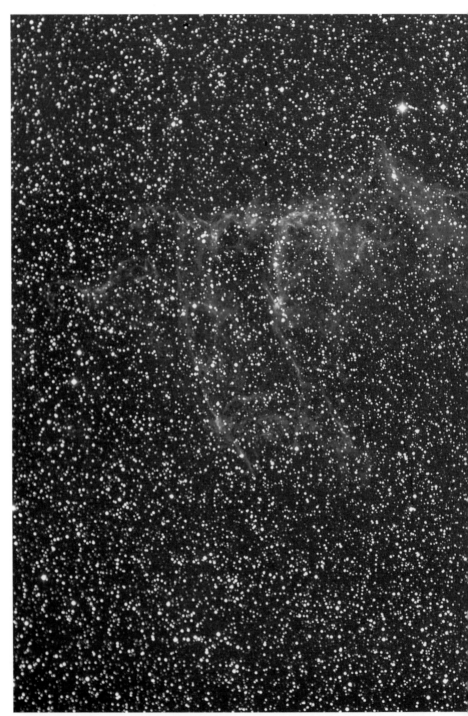

▲天鵝座的網狀星雲，彷彿面紗般的美麗瀰漫星雲。是數萬年前雙星發生超新星爆發後所遺留下
　來的殘骸，並擴散到宇宙空間當中。這些殘骸會再次循環，成為新生星體的素材。

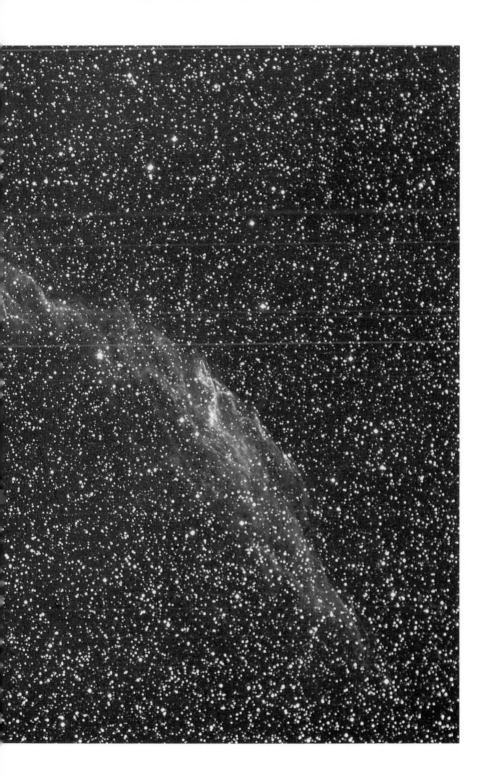

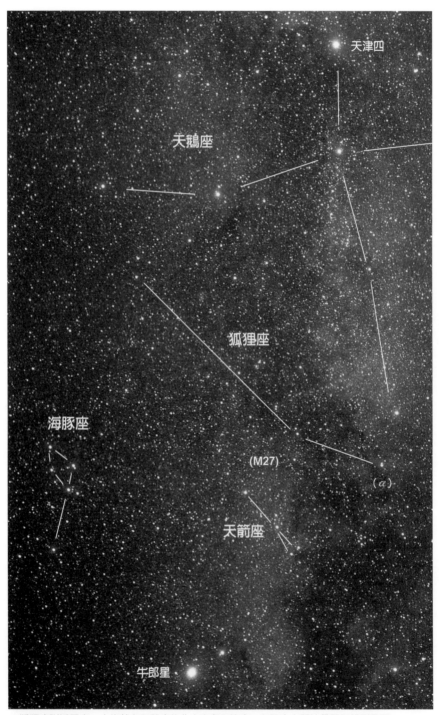

天津四

天鵝座

狐狸座

海豚座

(M27)

(α)

天箭座

牛郎星

▲狐狸座附近星空。大約就在天鵝座的北十字與天箭座、海豚座中間地帶即可找到發現。

天津四

狐狸座

牛郎星

▲狐狸座。非常暗淡的星座。

▶哈伯太空望遠鏡所看到的M27啞鈴星雲，位在狐狸座與天箭座之間的行星狀星雲。

▶用小型望遠鏡所見到的M27啞鈴星雲，也可以用雙筒望遠鏡觀察到，觀賞味十足。它的稱呼來自它啞鈴型的形狀。

赤經＝20時10分
赤緯＝＋25度

①20時南中天　9月20日
②南中天高　80度
③面積　268平方度
④肉眼星數　73個
⑤命名者　赫維利斯
⑥主星　其α星為四等星，其餘各星均為以下的暗星。
⑦主要天體　行星狀星雲的M27啞鈴星雲，用小型望遠鏡就能夠清晰辨認。

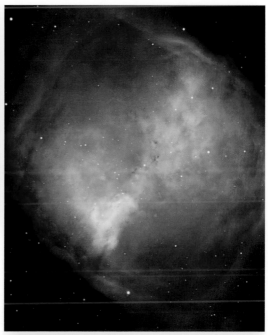

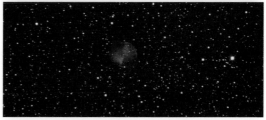

狐狸座
Fox

Vulpecula Vul

緊接在天鵝座南邊的小星座。⑥因為連一顆明亮的星星都沒有，所以若想找出明確的姿態，事實上是很困難的。⑤設定這個星座的赫維利斯，雖然是將此處形容描繪成狐狸嘴裡叼著天鵝的身影，不過將各個星星連結之後，還是可以發現要想像出這模樣似乎是不太容易的。

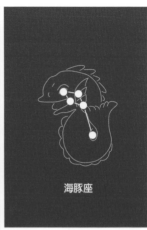

海豚座

▲海豚座。有四顆星星的星列如同撲克牌方塊的菱形，雖然很小但一眼就能夠辨認出來。只要把這個菱形再連結到另一顆星星，就很容易想像出海豚的形狀了。

◀海豚座的特寫。因為海豚座很小，這是全體星座的特寫景像。

赤經＝20時35分
赤緯＝＋12度

①20時南中天　9月26日
②南中天高　67度
③面積　189平方度
④肉眼星數　41個
⑤命名者　托勒密
⑥主星　無特別主星。
⑦主要天體　γ星為使用小型望遠鏡也可以看到的雙星。

海豚座
Dolphin

Delphinus Del

③位於天鷹座一等星牛郎星的東北方，是非常小的星座。①從夏天到秋天這段期間，夜空中由四顆星星所集合形成的小小菱形，卻是出乎意料地引人注目。據說這就是希臘神話中救了掉落海中的樂師亞里翁並將其送回岸邊的海豚。而海豚如此可愛的姿態真可說是最適合這個星座的動物。

▲天箭座。雖然是小型的星座，不過從其呈現橫倒的Y字形星列就很容易辨認出來了。

▶天箭座的特寫。從天鷹座的一等星牛郎星開始尋找就很容易辨認出來。是位居全天星座倒數第三順位的小型星座。

赤經＝19時40分
赤緯＝＋18度

①20時南中天　9月12日
②南中天高　73度
③面積　80平方度
④肉眼星數　28個
⑤命名者　托勒密
⑥主星　其α星左旗一
　（Sham），星名的意思
　即為「箭」。
⑦主要天體　球狀星團
　M71。

天箭座
Arrow

Sagitta Sge

剛好位於天鵝座的大十字與天鷹座中間地帶的星座。③雖然是非常小的星座，但形狀卻是極為完整，馬上就會讓人聯想到箭支的形狀。在神話當中，據說這支箭就是邱比特的黃金箭，只要被這箭射中，就算是天上的眾神，同樣也會產生愛戀之情。

■英雄海力克斯

希臘神話當中的最為勇猛的英雄——海力克斯，曾經犯過將自己的妻子與孩子們丟入火中的可怕重罪。

因此，國王尤里士修斯為了讓海力克斯贖罪，便交待給他十二項危險任務。其中與星座有關的故事是「擊退尼米亞森林的食人獅（獅子座）」、「打敗有九顆頭的蛇怪海德拉（長蛇座與巨蟹座）」、「摘取海絲佩拉蒂的金蘋果（天龍座）」等等。

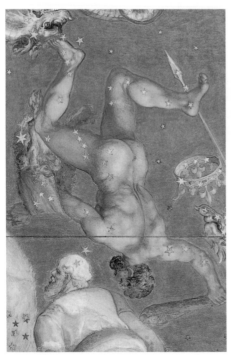
▲上下顛倒的巨人——武仙座。

事實上，海力克斯是天神宙斯與妃子阿克梅娜所生下的孩子，所以宙斯皇后赫拉女神的詛咒便如影隨形般纏繞著海力克斯。就連把妻子與孩子們投入火中的事情，也都是受到赫拉蠱惑精神後所發生的慘劇。

後來還是將十二項任務全部完成的海力克斯，為了迎娶卡里頓王的女兒黛安妮亞為妻，便再次出發踏上旅程。當他們被困在路上的河岸時，肯達烏爾斯族的馬人尼薩斯很親切地開口跟他說道，「讓我幫您妻子載到對岸吧！」不過，這其實是尼薩斯的謊話，他把黛安妮亞馱在背上後竟然隨即逃逸。勃然大怒的海力克斯便以海德拉的毒箭射中馬人，並把它給毒死。

瀕死之際的馬人尼薩斯最後向黛安妮亞說，「如果想得到先生永遠的愛，那就把我的血塗在他身上……」。

不久，海力克斯穿上了妻子黛安妮亞送來已經浸染馬人尼薩斯毒血的白衣裳，立刻毒發而痛苦萬分，最後跳入了火堆當中正面迎向死亡的到來。這所有的一切悲劇，都是因為天后赫拉的詛咒所造成的。

▲天琴座的星座神話，將妻子歐律狄克（中央）從冥界帶回人間的奧爾菲斯（右）。

■奧爾菲斯的神話

在最愛的妻子歐律狄克死去之後，豎琴名家奧爾菲斯便決意動身前往冥界。最後他來到冥王普魯托的面前懇求道：

「請讓我的妻子再次回到人間吧……」

普魯托大王嚇了一大跳，大聲斥說，「從未有過這種前例，怎能夠這麼做呢？」不過，冥王還是被奧爾菲斯充滿思念之情的琴音給感動，終於答應他把妻子帶回人間，他同時宣布說，「可是你要注意，在離開冥界洞穴之前，絕對不可以回頭去看你的妻子。」

奧爾菲斯讓妻子跟在自己身後而回到人間。當人世間的光線隱約朦朧地照入黑暗時，過於喜悅的奧爾菲斯忘情地轉過頭去，但妻子歐律狄克的身影卻像煙霧一般地瞬間失去了蹤影。

哀傷的奧爾菲斯只能彈著豎琴而四處流浪，即使是現在幽靜的夜裡，據說還是可以聽到星空傳來的琴音。

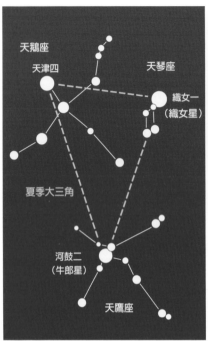

▲天鵝座。閃耀在尾部的即為一等星天津四。

▲夏季大三角。由三個一等星所結合而成。　▲天鷹座（左）與天琴座（右）。

■七夕

織女是玉皇大帝的女兒，平常都只是過著努力織布的生活。心生不忍的玉皇大帝便將織女嫁給了在銀河對岸工作的年輕人——牛郎。

不過，織女與牛郎實在太開心了，結果婚後生活竟然一反常態，每天就只會無所事事地到處遊玩。

大為震怒的玉皇大帝便命令兩人分隔在銀河兩岸，每年只能在七月七日那天會見一夜。據說，兩個人至今仍只能埋頭織布及照顧牛隻，而在心中盼望著一年一度的重逢。

如果當天夜裡下起雨來，銀河水位也隨之增高的話，喜鵲們就會飛來並用翅膀搭起橋樑，好讓織女與牛郎兩人可以平安見面。

在星空裡，天琴座的 α 星即為織女星，而天鷹座的 α 星也就是牛郎星。這兩顆星星位在銀河的兩岸各自閃耀著燦爛光芒。

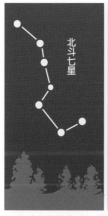

▲南斗六星與北斗七星的大小比較。

■南斗六星的傳說

　　這是發生在中國的古老傳說。某一天，有個擅長天文的相命師恰巧經過，當他看到農夫孩子的臉孔時，嘴裡竟喃喃自語道：「好可憐啊，這個孩子竟然活不到二十歲⋯⋯。」

　　聽到這些話的農夫大驚失色地拚命懇求相命師，「無論如何都請您務必幫忙！」於是相命師便吩咐這孩子帶著酒肉菜餚走到長有桑樹的山麓下。

　　這個孩子依照相命師的話出門後，在一棵大桑樹下見到兩個仙人正熱衷於棋局而渾然忘我。這孩子便在一旁殷勤地勸酒上菜。

　　等到一盤棋局結束後，仙人們發現了站在一旁的孩子，北側臉色凶惡的仙人開始大聲地斥責他，但坐在南側的仙人倒

▲人馬座的南斗六星。試著將星星連結起來吧！

是婉言勸說道，「我們已經受到人家的酒菜款待了」。之後便不慌不忙地拿出了壽命簿，並在這孩子的欄位裡找到「十九歲」的數字，再將其數字倒轉而改成了「九十歲」。

　　相命師在聽到這孩子開開心心地回到家並述說完一切後，沒有接受道謝就離開了。

　　「坐在北側是執掌死亡的北斗星君；位在南側的是職司生命的南斗星君，而凡人們的壽命都是由這兩位仙人商量之後決定的。」

▲夏天星座的古星圖。左上為天蝎與天秤座。天秤座旁邊的斑點鵝座，是現在沒有的星座。左下為蛇夫座，右下為天鷹座與海豚座。天鷹座所擄擭的少年——安提諾烏斯座，也是目前已不復見的星座。

秋天的星座

與地面上的秋季景色相仿，秋夜星空裡少了能夠吸引我們目光的星星，顯得一片蕭索寂寥。不過，若能找到曾經出現在古伊索比亞王朝相關星座神話中的人物們姿態，就可以形描出戲劇化且充滿浪漫情懷的星空繪卷，如此一來，秋天長夜的樂趣更是與之倍增了。（譯註：這裡所提到的伊索比亞王國並非現今非洲的衣索比亞Ethiopia，而是當時位於非洲北海岸的一個王朝。）

北

北斗七星

大熊座

天貓座

小熊座

鹿豹座

北極星

御夫座

英仙座

仙王座

雙子座

五車二

仙后座

蝎虎座

東

金牛座

仙女座

M31

三角座

白羊座

飛馬座四角形

獵戶座

雙魚座

波江座

天赤道

鯨魚座

觀星時刻
7月下旬：4時
8月上旬：3時
8月下旬：2時
9月上旬：1時
9月下旬：0時
10月上旬：23時
10月下旬：22時
11月上旬：21時
11月下旬：20時
12月上旬：19時
12月下旬：18時

天爐座

南魚

玉夫座

北落師門

鳳凰座

南

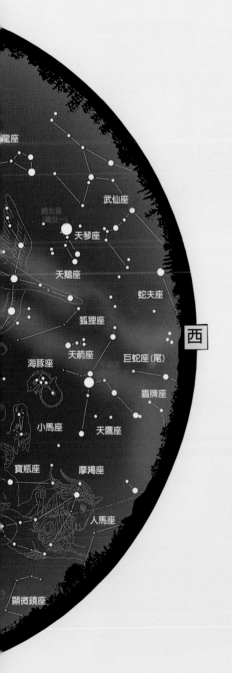

秋天的星空

　　在夜間寒氣深重的秋季裡，天上的星空與地面的景色非常相似，總給人寂寥荒涼的印象。天空裡幾乎找不到什麼明亮的星星。

　　不過，在秋天的夜空當中，那些與古伊索比亞王朝神話息息相關且登場過的人物與動物們的身影，卻被描繪成為姿態萬千的各式星座。若能隨著這些寓言的開展順序而尋找到星座的形跡，看似寂寞的星空就會瞬間搖身一變，幻化為華麗傳說所彩飾的星空而映入我們的眼簾當中。

　　欣賞秋天的星空時，建議讀者可先大致瀏覽過那些星座的神話後再來觀看星星。如此，你將可輕鬆融入繽紛的秋天星空中。

　　首先，在北方天空裡，我們可以看見寓言源始的卡西歐皮亞王后與凱菲斯國王的身影。而且在我們的頭頂上，正有著被鐵鍊鎖在海岸岩石上的安德洛梅達公主，以及現身想要一口吃掉她的鯨怪。接下來就會看到前來援助公主的珀爾修斯王子登場。令人眼花撩亂而且不暇給的秋天夜空，一大壯觀繪卷就即將開展了。

九月的星空 — 北方天空

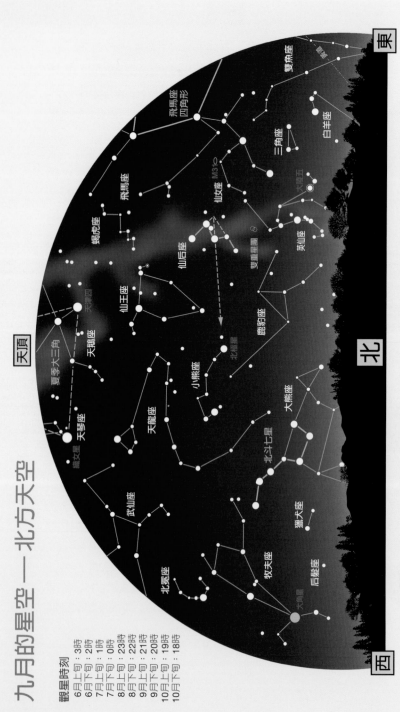

觀星時刻

6月上旬：3時
6月下旬：2時
7月上旬：1時
7月下旬：0時
8月上旬：23時
8月下旬：22時
9月上旬：21時
9月下旬：20時
10月上旬：19時
10月下旬：18時

太陽西沉的時間已然提前。在我們的頭頂上，由七夕織女星、牛郎星與天鵝座的天津四等三個一等星結合而成的「夏季大三角」，仍然持續著最佳的觀賞狀態。

飛馬座四角形

雙魚座

白羊座

三角座

英仙座

大陵五

仙女座

M3

仙后座

雙重星團

蝎虎座

飛馬座

鹿豹座

仙王座

北極星

天津四

天鵝座

小熊座

夏季大三角

大熊座

天龍座

織女星

天琴座

北斗七星

武仙座

獵犬座

牧夫座

北冕座

后髮座

大角星

九月的星空──南方天空

觀星時刻
6月上旬：3時
6月下旬：2時
7月上旬：1時
7月下旬：0時
8月上旬：23時
8月下旬：22時
9月上旬：21時
9月下旬：20時
10月上旬：19時
10月下旬：18時

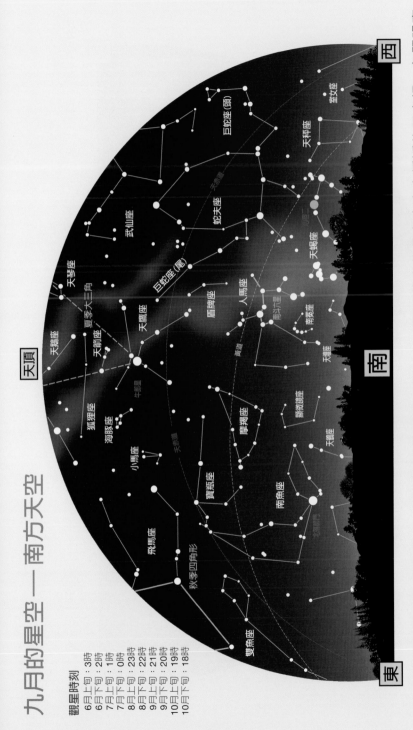

天頂

西

南

東

巨蛇座（頭）
天秤座
室女座
武仙座
蛇夫座
巨蛇座（尾）
天琴座
天箭座
夏季大三角
天鷹座
盾牌座
人馬座
天蝎座
牛郎星
狐狸座
海豚座
南冕座
黃道
小馬座
摩羯座
顯微鏡座
寶瓶座
天壇座
天鶴座
飛馬座
南魚座
雙魚座
秋季四角形

人馬座眼隨著天蝎座的腳步也開始向西南方的天空傾斜。取而代之的是在東南方低矮的天空裡，有顆明亮燦爛的白色星星開始現身往在找們眼前，那就是秋天夜空裡空裡僅有的一等星──南魚座的北落師門。

十月的星空─北方天空

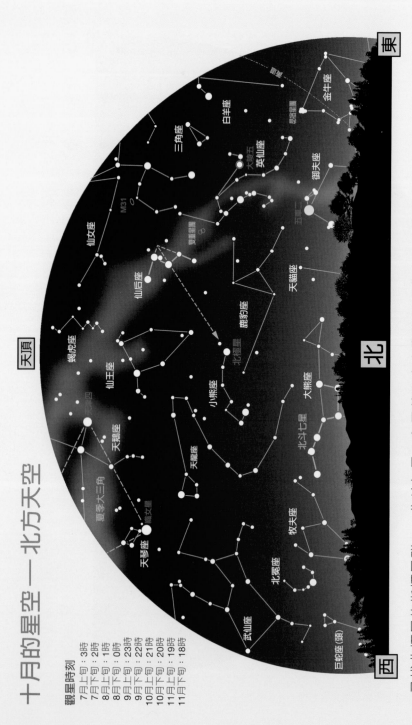

東

北

西

觀星時刻
7月上旬：3時
7月下旬：2時
8月上旬：1時
8月下旬：0時
9月上旬：23時
9月下旬：22時
10月上旬：21時
10月下旬：20時
11月上旬：19時
11月下旬：18時

尋找北極星的指標星群──北斗七星，在日暮入夜之際降到了北方的地平線之下，所以已無法尋得它的蹤跡。取而代之的是，在東方的高空中升起了仙后座的W字形，同樣扮演了可作為尋找北極星記號的任務。

十月的星空──南方天空

觀星時刻

7月上旬：3時
7月下旬：2時
8月上旬：1時
8月下旬：0時
9月上旬：23時
9月下旬：22時
10月上旬：21時
10月下旬：20時
11月上旬：19時
11月下旬：18時

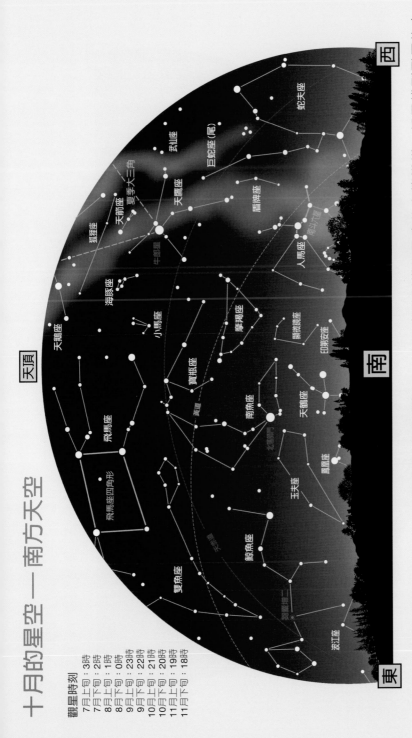

西

南

東

在秋天的夜空當中，可以作為記號的明亮星星體較少，也不容易形描出星座的姿態模樣。如果找到到飛馬的大四邊形，並將其四邊各自延伸出去，就可以輕鬆找出原本難以辨認的星座及星星位置了。

蛇夫座 **武仙座** **巨蛇座（尾）** **天鷹座** **盾牌座** **狐狸座** **天箭座** **夏季大三角** **人馬座** **牛郎星** **海豚座** **摩羯座** **顯微鏡座** **小馬座** **印第安座** **寶瓶座** **黃道** **南魚座** **天鶴座** **飛馬座** **飛馬座四角形** **玉夫座** **鳳凰座** **雙魚座** **鯨魚座** **波江座**

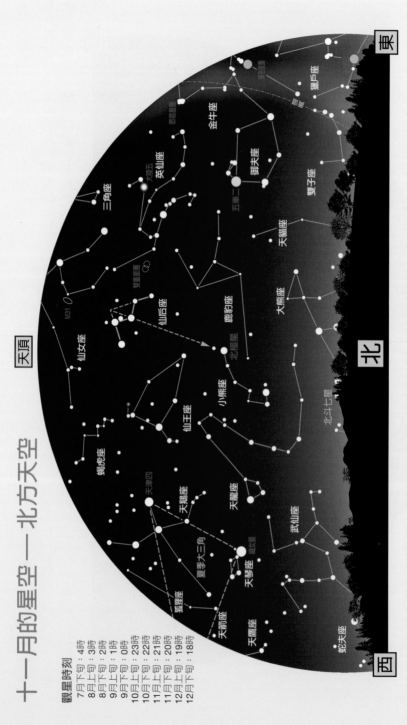

十一月的星空—北方天空

天頂

東

北

西

觀星時刻

7月下旬：4時
8月上旬：3時
8月下旬：2時
9月上旬：1時
9月下旬：0時
10月上旬：23時
10月下旬：22時
11月上旬：21時
11月下旬：20時
12月上旬：19時
12月下旬：18時

可作為尋找北極星指標而為人所熟知的北斗七星，因為低掛於北方地平線，所以無法看到，取而代之的是由仙后座來擔任這個任務。而冬季的星座們就會從東方天空開始升起。

金牛座　**御夫座**　**五車二**　**雙子座**　**天貓座**　**大熊座**　**鹿豹座**　**小熊座**　**北極星**　**仙王座**　**仙后座**　**仙女座**　**英仙座**　**大陵五**　**三角座**　**蠍虎座**　**天龍座**　**武仙座**　**天琴座**　**織女星**　**狐狸座**　**天箭座**　**天鷹座**　**牛郎星**　**夏季大三角**　**天津四**　**天鵝座**　**蛇夫座**　**昴宿星團**　**雙星星團**　**M31**

北斗七星

十一月的星空—南方天空

觀星時刻
7月下旬：4時
8月上旬：3時
8月下旬：2時
9月上旬：1時
9月下旬：0時
10月上旬：23時
10月下旬：22時
11月上旬：21時
11月下旬：20時
12月上旬：19時
12月下旬：18時

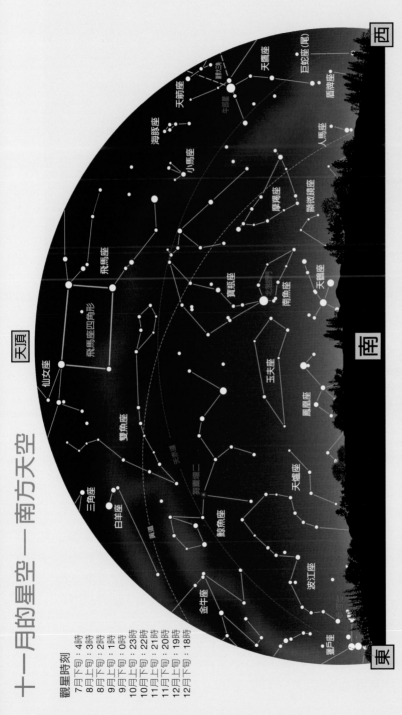

天頂

西

南

東

適合當作秋天尋找星座的明確指標——飛馬的大四邊形，正高高地掛在南方天頂現出身影。將此四邊形的各邊予以延長，並如同第127頁所標示的方法一樣加以利用，如此預先記住尋找星座與星星的方法，就可以讓觀星變得更加方便。

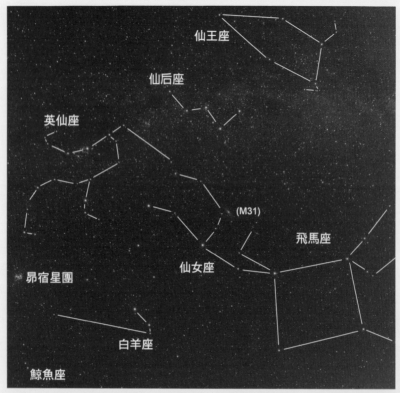

仙王座

仙后座

英仙座

(M31)

飛馬座

昴宿星團

仙女座

白羊座

鯨魚座

▲秋天的星空。此時並沒有吸引人的醒目亮星，感覺看似稀疏寂寞，不容易找到星座。

■秋天星座的尋找方法
——飛馬座大四邊形

　　在秋天的夜空當中，並沒有一抬頭就能立刻躍入眼簾的明亮星星。所以，成為尋找秋天暗淡星座的明顯指標，就是所謂的「飛馬座大四邊形」，或是被稱為「秋季大四角形」的星星排列。

　　雖然這個大大的四邊形本身也不是由明亮的星體所構成，但在秋天傍晚入夜時分，高掛南方天空而將夜空隔成一個正四邊形的四顆星星排成星列，反而奇妙地耀眼且引人注目。

　　將這個大四邊形的每一邊都像次頁附圖般向前延伸，就能夠找到不易發現的秋天星座與星星位置。面向星空實際地操作看看，應該就會深深感受到這的確是個很方便的四邊形。

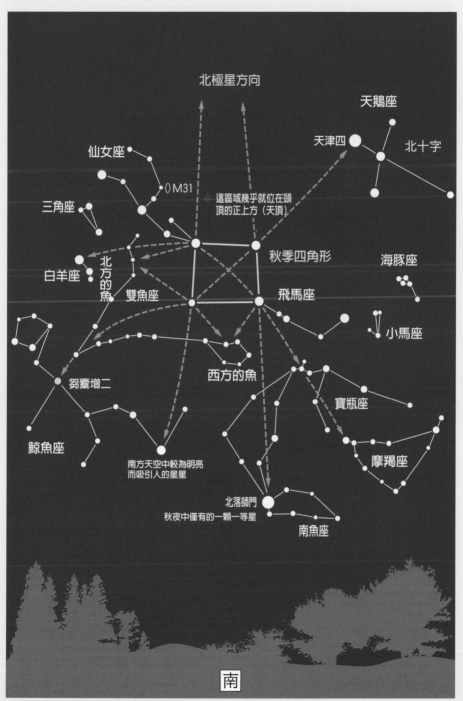

▲利用「飛馬座四邊形」的各邊延伸，就可以找到周邊暗淡的星座與星星。

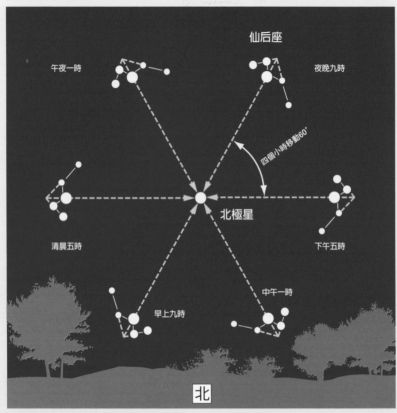

仙后座

午夜一時

夜晚九時

四個小時移動60°

北極星

清晨五時

下午五時

中午一時

早上九時

北

▲繞著北方天空回轉的仙后座Ｗ字形。

■尋找北極星

　　尋找北極星之際，最重要的就是先把自己所站位置的東南西北方向正確分辨出來。因為我們必須在對照星空與星座圖時，方位一致後才能抬頭觀察尋找。而想要知道方位的最正確方法，就是找出北極星的位置。

　　春天日暮入夜時，雖然可以從熟悉的北斗七星找到北極星，但從秋天的傍晚開始，北斗七星的位置就會不巧地低於北方的地平線之下，所以到了秋天之後，利用高掛北方星空的仙后座Ｗ字形就能很快尋找到北極星的位置了。

　　這就是次頁所標示的方法。雖然比起利用北斗七星的方法稍嫌麻煩些，但只要熟悉上手之後，就可說是一個非常簡單易行的方法了。

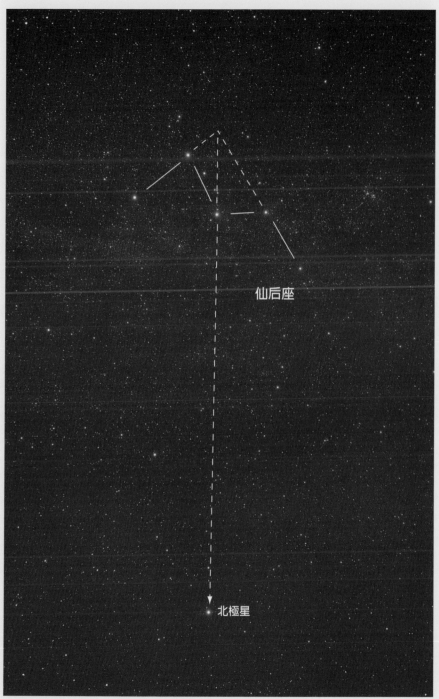

北極星

仙后座

北極星

▲北極星的尋找方法。從仙后座的W字形延長出虛線般前進，就可以找到北極星了。

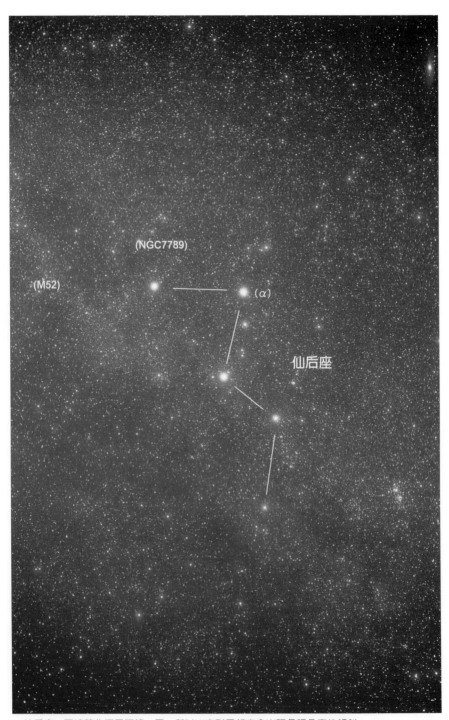

(NGC7789)

(M52)

(α)

仙后座

▲仙后座。因繞著北極星回轉一周，所以Ｗ字形看起來會出現各種角度的傾斜。

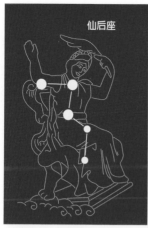

▲仙后座。代表古代伊索比亞王國王后之姿的星座。

▶上圖／疏散星團M52。位於與W字形區域有段短暫距離之處。

▶下圖／疏散星團NGC7789。就在緊鄰W字形的一旁。使用小型望遠鏡觀察M52與NGC7789，就能看到兩者的星群，是非常有趣的。

赤經＝1時0分
赤緯＝＋60度

①20時南中天
　（北）12月2日
②南中天高
　（北）75度
③面積　598平方度
④肉眼星數　153個
⑤命名者　托勒密
⑥主星　由五顆星星所形成的W字形最為醒目。
⑦主要天體　位於秋天的銀河當中。有許多像是M52之類的疏散星團。

仙后座
Cassiopeia

Cassiopeia Cas

在秋天日暮入夜時分，由五顆星星排列成為一個W字形的星座就是仙后座。仙后座所描繪的就是秋天星座神話劇的發源人物——卡西歐皮亞王后坐在椅子上的姿態。⑥此星座除了形態清晰容易辨認，同時也是尋找北極星的極佳指標。此外，它更可以說是尋找秋天星座的最佳起點星座。

仙后座

IC(1396) （δ）
柘榴星（μ）

天鈎五（α）

仙王座

（M52）

北極星

▲仙王座與仙后座。我們可在北極星附近看見古代伊索比亞王國的國王與王后身影。

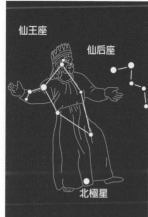

仙王座

仙后座

北極星

▲仙王座。位於北極星附近，一年中隨時可見其蹤跡，至於最佳觀賞季節則是在秋天日暮入夜後高掛天空的時刻。

▶柘榴星與瀰漫星雲IC1396。大型的紅色瀰漫星雲光線暗淡，以肉眼觀察無法看見，但拍攝成照片後就能夠明確捕捉它的形態。近處的紅色星星就是柘榴星，讀者可利用雙筒望遠鏡好好欣賞它的顏色。

赤經＝22時0分
赤緯＝＋70度

①20時南中天
　（北）10月17日
②南中天高
　（北）55度
③面積　588平方度
④肉眼星數　148個
⑤命名者　托勒密
⑥主星　其α星為天鉤五
　（Alderamin），星名
　則是意指「右臂」。
⑦主要天體　其δ星就是
　Cepheid型變光星這類
　星星的代表，對於了解
　宇宙的距離非常有幫
　助。μ星則被稱為「柘
　榴星」。

仙王座
Cepheus

Cepheus Cep

這個星座就是展現成為秋天星座神話舞臺的古伊索比亞王國（並非現今的衣索比亞）國王的姿態。與神話劇中擔任重要角色不同的是，夜空中的仙王座身影暗淡，不易觀察辨認。②只要找出位在北極星附近，狀如五角形房子的星座就可以了。

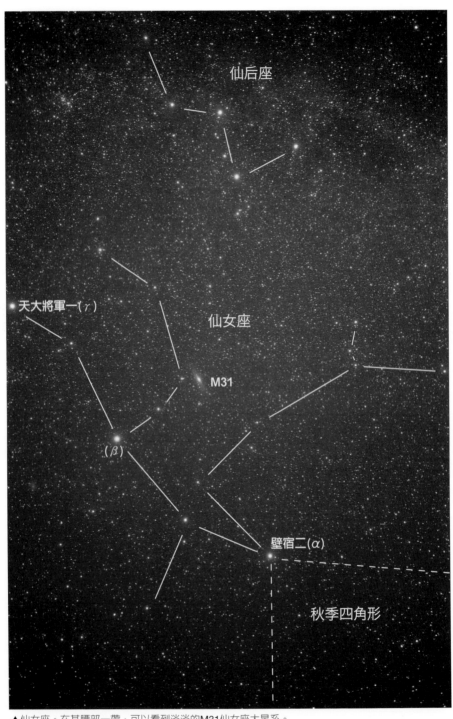

仙后座

天大將軍一（γ）

仙女座

M31

（β）

壁宿二（α）

秋季四角形

▲仙女座。在其腰部一帶，可以看到淡淡的M31仙女座大星系。

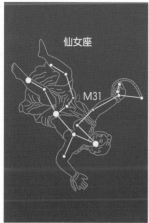

仙女座

M31

▲仙女座。飛馬座四邊形的四顆星星其中之一，同時兼為安德洛梅達公主頭部的星星。

▶M31仙女座大星系。就位在我們的銀河系附近，也是距離大約290萬光年的星系。以肉眼觀察時，夜空中的安德洛梅達公主腰部一帶看起來就如同雲層的碎片。

赤經＝0時40分
赤緯＝＋38度

①20時南中天
　（北）1月27日
②南中天高
　（北）87度
③面積　722平方度
④肉眼星數　149個
⑤命名者　托勒密
⑥主星　其α星為壁宿二
　（Alpheratz），星名的意義為「馬的肚臍」。是從此星亦為飛馬大四邊形其中之一而來的。
⑦主要天體　M31仙女座大銀河以肉眼就能觀察得見。在其足尖部位的γ星天大將軍一（Almach），以望遠鏡欣賞就能看到是非常美麗的雙星。

仙女座
Andromeda

Andromeda And

在秋天傍晚入夜後的頭頂上，我們可以看到這個星座展現了因母親卡西歐皮亞王后對姿色過於自傲，而成為犧牲品被鎖在海岸岩石上的可憐安德洛梅達公主的模樣。⑥安德洛梅達公主頭部的星星，也就是飛馬大四邊形左上的那顆星，所以只要找出這個大四邊形，仙女座也可以說是很容易辨認的星座了。

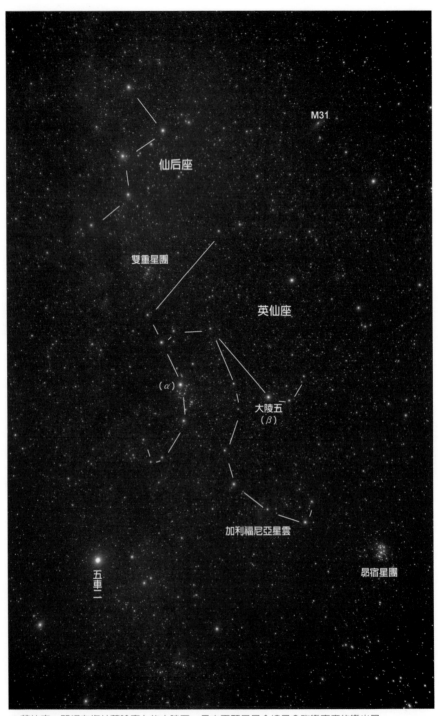

M31

仙后座

雙重星團

英仙座

（α）

大陵五
（β）

加利福尼亞星雲

昂宿星團

五車二

▲英仙座。閃耀在梅杜莎臉龐上的大陵五，是由兩顆星星合繞且會改變亮度的變光星。

五車二

昂宿星團

▲英仙座。

▶上圖／雙重星團（雙星團）。大約位在劍柄之處，利用雙筒望遠鏡就能發現其存在的美麗星體。

▶下圖／加利福尼亞星雲。因為光線亮度非常暗淡，所以無法以目視看見其身影，但是可以用攝影得知詳細情況。

赤經＝3時20分
赤緯＝＋42度

①20時南中天
　　（北）1月6日
②南中天高
　　（北）83度
③面積　615平方度
④肉眼星數　158個
⑤命名者　托勒密
⑥主星　β星為大陵五（Algol）。星名的意義是「惡魔之星」，是由其閃耀在女妖梅杜莎額頭上的緣故而來。同時也是非常有名的食變光星。
⑦英仙座的雙重星團（雙星團）。兩個疏散星團緊緊挨著，形態非常美麗。

英仙座
Perseus

Perseus Per

在安德洛梅達公主即將被鯨魚怪物襲擊之際，從空中降落拯救公主的勇士就是這位英仙座的柏爾修斯王子。他的手緊緊抓著被長劍斬落的梅杜莎女妖首級。①此星座大約位在仙后座與金牛座的昂宿星團之間的秋天銀河當中，到了晚秋更會高高地上昇至東北方的天空裡。

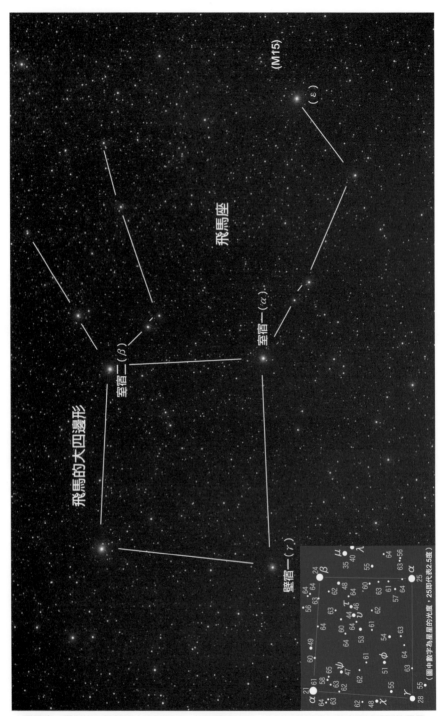

飛馬座。看似沒有星星的大四邊形中，仔細觀察的話，也可以發現還有著肉眼可見到的星星。
在實際的夜空當中，試著看能找出幾顆星來也是很有趣的。右邊為確認用的星圖。

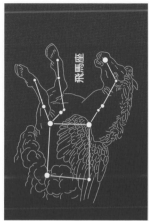

▲飛馬座。形塑出馬匹身體的大四角形，星星排列方式除被稱為「飛馬座大四邊形」、或是「秋季四角形」，是非常好用的秋天星座尋找指標。

▶球狀星團M15。位在天馬的鼻尖一帶，使用小型望遠鏡觀察的話，可見其稍帶圓形且極為模糊朦朧的形體。

赤經＝22時30分
赤緯＝＋17度

①20時南中天
　10月25日
②南中天高　72度
③面積　1121平方度
④肉眼星數　169個
⑤命名者　托勒密
⑥主星　形成飛馬大四邊形的各顆星星。α星為室宿一（Markab），星名的意思為「交通工具」；β星室宿二（Scheat），星名意指「交通工具」；而其γ星則是壁宿一（Algenib），為「側腹」之意。
⑦主要天體　球狀星團M15。就在飛馬的鼻尖ε星附近，可以用小型望遠鏡欣賞觀察。

飛馬座
Pegasus

Pegasus Peg

當柏爾修斯王子斬落女妖梅杜莎的頭部時，她的血液便浸入了石塊裡頭，而從此石塊當中嘶鳴飛躍而出的，就是長有雙翼的天馬。②在秋天日暮入夜時的頭頂高空處，可見到此星座的形態被描繪為姿勢下顛倒，並且漫步在天空當中。即使想要仔細欣賞這個星座，但還是只能看到牠的上半身，因為據說下半身都隱藏在雲層當中了。

白羊座

雙魚座

天囷一（α）

（δ）

(M77)

芻藁增二

鯨魚座

土司空（β）

▲鯨魚座。因為芻藁增二的明光度會有變化，所以尋找星座時可能會有所影響也說不定。

▲鯨魚座。是一隻擁有雙臂的鯨魚怪物。

▶上圖／星系M77。位於鯨魚的頭部，使用小型望遠鏡就能清楚觀察。

▶下圖／芻藳增二的變光。位置是在心臟區域一帶，變光程度是以332天的週期將光度從二等星大幅變化到十等星，暗淡時肉眼並無法看見。左邊為暗淡的時期，右邊為明亮的時期。

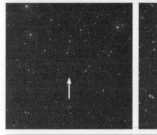

赤經＝1時45分
赤緯＝－12度

①20時南中天
　12月31日
②南中天高　43度
③面積　178平方度
④肉眼星數　80個
⑤命名者　托勒密
⑥主星　其α星為天囷一（Menkar），星名的意義為「鼻子」。至於β星則為土司空（Deneb Kaitos），星名意指「鯨魚的尾巴」。
⑦主要天體　變光星芻藳增二，可說是這種長週期型變光星的代表星體。它是以332天的週期將光度從二等星變化至十等星。

鯨魚座
Whale
Cetus Cet

被海神普西頓送到古代伊索比亞王國海岸，並命其作威作福的鯨魚海怪就是這個星座。雖然是秋天神話劇中登場的唯一反派星座，但牠在看到柏爾修斯王子所遞上的梅杜莎女妖首級後，就變成了鯨魚石頭而沉入深海當中。①在秋天傍晚入夜時的南方中天上，可見到其大大地橫臥於星空中的模樣。

仙女座

M31

三角座

M33

婁宿增六（α）

白羊座

▲三角座。位在白羊座與仙女座之間而出乎意料外的醒目，是外表為小小三角形的星座。

▲漩渦狀星系M33。以肉眼觀察也能隱約見到，若採用雙筒望遠鏡，則是可以看到彷彿漩渦一般的構造。與M31仙女座大星系一樣，都是屬於離我們銀河系較近的星系，距離約為250萬光年。

赤經＝2時0分
赤緯＝＋32度

①20時南中天
　12月17日
②南中天高　87度
③面積　132平方度
④肉眼星數　26個
⑤命名者　托勒密
⑥主星　三角座 α 星為婁宿增六（Caput Trianguli），星名的意思為「三角形的頂點」。
⑦主要天體　漩渦狀星系M33。以肉眼觀察也能隱約看見的存在。

▶三角座。

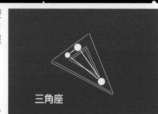

三角座

三角座
Triangle

Triangulum Tri

①在秋天的傍晚入夜時分，抬頭仰望頭頂正上方的話，就會發現有三顆星星聚集形成了一個細細長長的等腰三角形。③雖然是個小小的三角形，但卻意外地成為極為醒目的存在，甚至貼切到讓人無法想像出三角形以外的連結方法。此星座的名字就是名符其實的「三角座」，同時也是一個從希臘時代就已發現的古老星座。

牛宿二（α）

摩羯座

(M30)

▲摩羯座。倒三角形的整體景象意外地令人印象深刻。摩羯座頭部的 α 星是用肉眼就能看到的雙重星（雙星）。

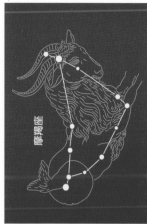

▲摩羯座。這個星座有著頭部為山羊、尾部為魚的奇特模樣。據說是牧神潘安被怪物襲擊時急急忙忙跳入河裡，所以只有浸在水中的下半身變成了魚。

▶上圖／肉眼雙重星（雙星）。位於其頭部α星的特寫照片。

▶下圖／球狀星團M30。位於尾部的附近。

赤經＝20時50分
赤緯＝－20度

①20時南中天　9月30日
②南中天高　35度
③面積　414平方度
④肉眼星數　79個
⑤命名者　托勒密
⑥主星　其α星為牛宿二（Algedi），星名的意思是「小山羊」。
⑦主要天體　雙重星（雙星）的α星。以肉眼觀察可以看到三等星與四等星兩星相依。
⑧備註　黃道星座。為12月23日～1月20日出生者的星座。

摩羯座
Goat
Capricornus Cap

①雖是在秋天傍晚入夜後會高掛於南方天空的星座，不過因為沒有明亮吸引人的星星，只能參考觀看星座圖與星座照片，所以並不會給人明亮醒目的印象。但實際上，這個星座卻是令人意外地容易尋找，即使觀察時也感覺一片朦朧模糊，但如果將小星星一顆顆地連結起來，夜空裡就會立刻浮現出一個倒三角形，馬上就能清楚辨認了。

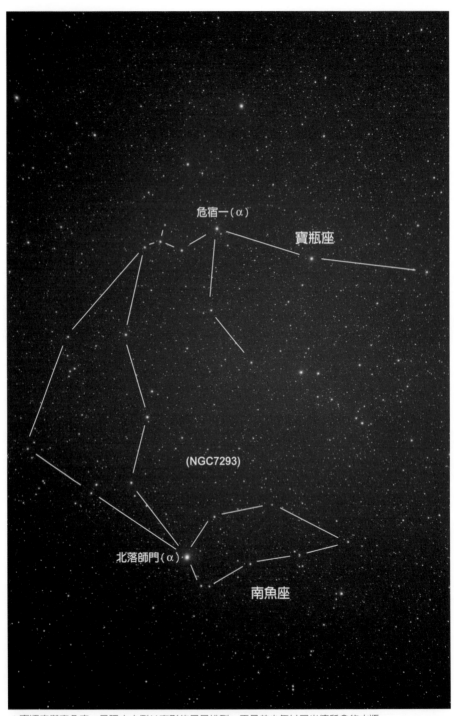

危宿一（α）

寶瓶座

(NGC7293)

北落師門（α）

南魚座

▲寶瓶座與南魚座。呈現小小倒 Y 字形的星星排列，正是美少年甘尼米德所拿的水瓶。

寶瓶座

北落師門

南魚座

▲寶瓶座與南魚座。南魚座始終
張著大嘴一口喝下從美少年甘
尼米德手持水瓶中流溢而出的
瓶水。將兩個星座視為一體來
欣賞會比較容易清楚辨認。

▶寶瓶座的行星狀星雲NGC7293。
使用雙筒望遠鏡觀察的話，就
能見到小小的暗淡環狀星雲。

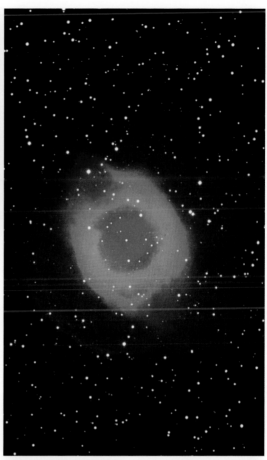

赤經＝22時20分
赤緯＝－13度

寶瓶座
①20時南中天
　10月22日
②南中天高　42度
③面積　980平方度
④肉眼星數　165個
⑤命名者　托勒密
⑥主星　其α星為危宿一
　（Sadalmelik），星名
　的意思為「王者的守護
　星」。
⑦主要天體　行星狀星雲
　NGC7293。以雙筒望
　遠鏡觀察可見到模糊星
　雲。
⑧備註　黃道星座。為1
　月21日～2月20日出生
　者的星座。

寶瓶座 / 南魚座
Bearer / Southern Fish
Aquarius Aqr / Austrinus PsA

②秋天的傍晚入夜時分，在南方中天的寬
廣範圍裡，若把四處散落的小小星星收集
起來而描繪出來，那就是寶瓶座了。同時
也是眾多感認難以辨識的星座之一。只要
從北落師門這顆秋天夜空唯一的一等星開
始往北延伸，應該就可以找到身體閃耀著
象徵永遠美麗青春的金色光芒的美少年甘
尼米德其模樣。

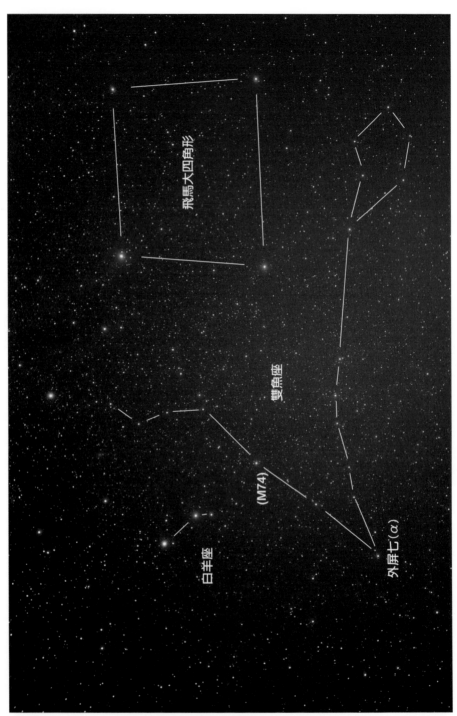

▲雙魚座。只要將白羊座頭部與飛馬座大四邊形之間點點地相連著的暗淡星星連結起來，就可以見到雙魚座了。

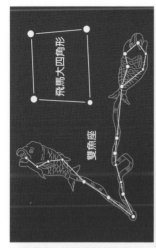

▲雙魚座。據說是被怪物襲擊的母子變身為魚逃入河中的模樣，看起來無像是北邊的魚與西邊的魚無法分離，而被繩子給緊緊繫住的樣子。

▶M74星系。這是一個非常暗淡模糊的漩渦狀星系，如果使用小型望遠鏡觀察的話，就會發現它模糊且稍呈圓形。

赤經＝0時20分
赤緯＝＋10度

①20時南中天
　11月22日
②南中天高　65度
③面積　889平方度
④肉眼星數　134個
⑤命名者　托勒密
⑥主星　其α星為外屏七
　（Alrescha），星名的
　意思是指「繩子」。
⑦主要天體　漩渦狀星系
　M74。
⑧備註　黃道星座。為2
　月21日～3月20日出生
　者的星座。

雙魚座
Fishes

Pisces Psc

緊鄰在「飛馬的大四角形」這個秋天星座的尋找指標的東邊，有個好似把「く」字用力壓擠般的形狀，是由連結許多小星星而形成的星座。這個星座看起來就像是兩隻魚被緞帶般繩子給綁住，據說是由愛與美的女神愛芙蘿黛蒂與其子艾羅斯這對母子變身化為魚隻的樣子。

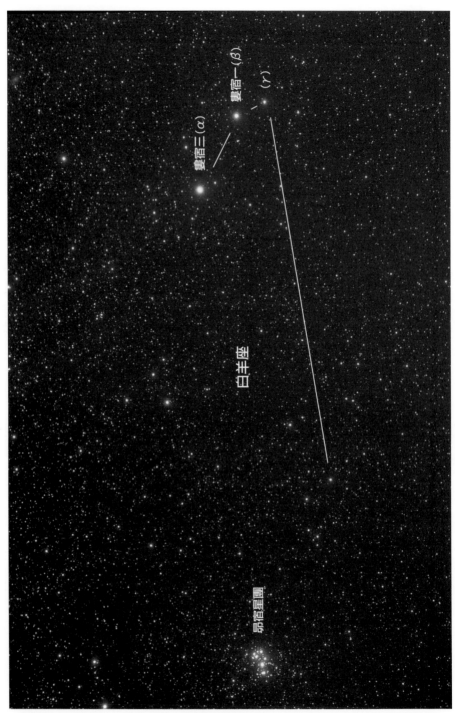

婁宿一（β）

（γ）

婁宿三（α）

白羊座

昴宿星團

▲白羊座。只要把其頭部與昴宿星團之間的區域當作是身體，就能看到白羊的模樣浮現在夜空中。

▲白羊座。因為牠有著金色的羊毛，為了拿回這件毛皮，便展開亞爾古船大遠征之行的神話是非常有名的。

▶白羊座的 γ 星。用望遠鏡觀看位於頭頸部的 γ 星，就能看到綻放著明亮光芒的美麗雙重星（雙星）。

赤經＝2時30分
赤緯＝＋20度

①20時南中天
　12月25日
②南中天高　75度
③面積　441平方度
④肉眼星數　85個
⑤命名者　托勒密
⑥主星　其 α 星為婁宿三（Hamal），星星名字意指「羊的頭部」。β 星為婁宿一（Sheratan），意思為「記號」。
⑦主要天體　雙重星（雙星）的 γ 星。使用小型望遠鏡可以看到兩顆星星依偎在一起。
⑧備註　黃道星座。為3月21日～4月20日出生者的星座。

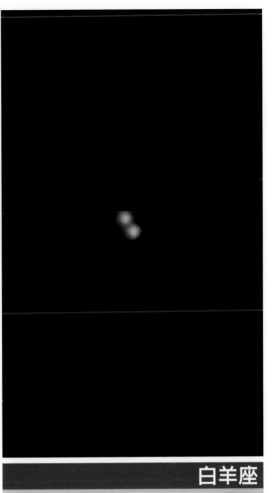

白羊座
Ram

Aries Ari

②緊接在小小三角座的南邊，可以找到另一個很像小三角形的星體排列，這區域就位在代表可飛翔空中的金色公羊的白羊座頭部一帶。這公羊的身體會延伸到東邊緊鄰的昴宿星團附近，所以只有頭部的星群比較醒目，但即使如此，我們應該還是能夠藉此想像出星座的整體模樣。

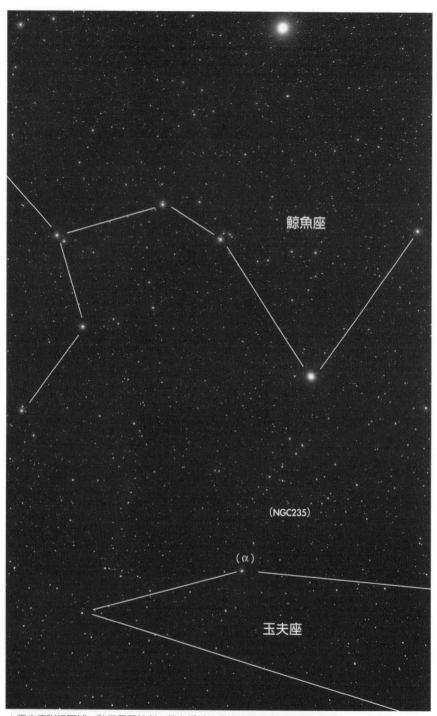

鯨魚座

（NGC235）

（α）

玉夫座

▲玉夫座附近區域。秋天日暮時刻，位在低垂地平線的鳳凰座顯得更為醒目。

▲玉夫座的NGC253星系,位於玉夫座和鯨魚座交界處用雙筒望遠鏡也能輕鬆發現它。雖然只是一個小小細長的橢圓,但就是它沒錯!

赤經=0時30分
赤緯=－35度

①20時南中天
　11月25日
②南中天高　20度
③面積　475平方度
④肉眼星數　52個
⑤命名者　拉卡伊(譯註:拉卡伊,Nicolas Louis de Lacaille。法國著名天文學家,曾發明了顯微鏡並繪製南天星座圖,還為許多星座命名。)
⑥主星　其α星為四等星,其餘均為四等星以下的暗星,所以很不明顯。
⑦主要天體　NGC253星系,利用雙筒望遠鏡就可以看到。

▶玉夫座。是只有暗淡星體的星座。

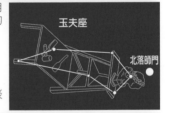

玉夫座
Sculptor

Sculptor Scl

②這是比橫躺於南方中天的鯨魚座更為南邊的星座。⑥因為沒有任何一顆亮星,所以也很難看出星座的整體面積。我們必須將視線停留在南魚座一等星北落師門的東邊,然後往地平線上方可見的鳳凰座北邊間區域尋找。不過,其南邊的鳳凰座反而是比較容易辨認出來。

▲英仙座（左）與仙女座（右）。

■仙女座與英仙座

被當作祭品的安德洛梅達公主

安德洛梅達公主是古代伊索比亞王國（非指現今的衣索比亞）的凱菲斯國王和卡西歐皮亞王后兩人所生的美麗公主。

「應該沒有哪個國家有這麼美麗的公主吧……」身為母親的卡西歐皮亞王后總是誇耀著女兒的美麗，當然，她對自己本身所擁有的美貌也是相當地驕傲自滿。

某一天，王后終究說溜了嘴，「就連奈立德的五十個姐妹，也沒有任何一個比得上安德洛梅達公主的美麗吧！」

奈立德的五十個姐妹就是海神普西頓的孫女，而且他也自負地認為她們全都是「無法超越的漂亮美女」所以非常以此為傲，於是不肯就這麼算了。對於自己孫女被輕視，身為祖父的海神普西頓勃然大怒後就做出了可怕的事情。

海神將大鯨魚提亞瑪特派到了伊索比亞王國的海岸，並且興風作浪、到處搗亂。

雖然說是大鯨魚，但牠可不是一般的鯨魚，而是吞吐海水就會引發大海嘯的鯨魚怪，說牠是鯨魚怪物可能會更加貼切適合。

於是提亞瑪特便出沒在伊索比亞王國的海岸間，不但引發大海嘯，甚至將民家沖毀流走等災害，導致人人都非常痛苦。

「陛下，請您無論如何都要救救我們呀！」

百姓們哭泣著向凱菲斯國王請求援助。

不過，凱菲斯國王卻完全不知道為何突然間會發生這種事情，十分擔憂煩心的他便試著向神明請示，竟被告知是王后的誇耀而導致這種慘況，而且若想收服這隻怪獸，只有犧牲最愛的女兒安德洛梅達公主，把她獻給鯨魚怪才能平息。

不久之後，這個消息走漏到了百姓們之間，並且引發了極大的動亂。人們蜂擁而至來到王宮，將哭叫的安德洛梅達公主雙手綁上鍊子，並鎖在海岸的岩石邊，然後全部一溜煙地逃回去了。

▲拯救了安德洛梅達公主的柏爾修斯王子。

鯨魚怪獸的出現

安德洛梅達公主無計可施，更害怕到失去意識，精疲力竭的她只能等待大鯨魚的出現。

不久後，海面波濤洶湧捲起了海浪，張著血盆大口令人害怕的怪獸提亞瑪特，便慢慢地從波谷海浪間現出蹤影。這隻龐然巨大的鯨魚吐著白色的泡泡向海岸逐漸靠近。

安德洛梅達公主實在是太害怕了，於是便忍不住地閉上了眼睛。

但，就在這個時候。

▲環繞在北方天空中的仙王座。

▲坐在椅子上的仙后座。

　　遠遠地傳來了隱約的馬匹嘶鳴，而且隨著大大的振翅聲出現一個年輕人從空中降落下來，勇敢地擋在怪獸的面前。

　　「我是天神宙斯的兒子，柏爾修斯王子。讓我來打倒這隻怪獸吧！」

　　這個青年正是打敗女怪梅杜莎而將其首級收入皮袋的柏爾修斯王子，他想要收服長有翅膀的天馬佩加沙斯，於是便騎著牠打算飛回故鄉塞利佛斯島。

　　柏爾修斯王子從雲間偶然地看到了安德洛梅達公主的困境，便衝破雲層從天空降落下來。

　　「吼喔──」怪獸鯨魚一看到柏爾修斯映照在海面上的身影，便張開大口轉向王子，準備將他一口吃掉。

　　不過就在這個瞬間。

　　柏爾修斯從皮袋當中取出了梅杜莎的首級，高舉伸到怪獸的眼前。

　　那竟然是看到臉就會令人驚恐害怕而變成化石的梅杜莎首級。即使是如此龐然大物的怪

獸也毫無抵抗能力，只是「嘎」地叫了一聲便全身立刻化成石頭，咕嘟咕嘟地沉入了大海當中。

柏爾修斯王子的勝利

柏爾修斯便如此平安地救回了安德洛梅達公主，而且他更完全拜倒在安德洛梅達公主的迷人丰采之下。

「我想請安德洛梅達公主務必成為我的新娘……」

流下喜悅淚水而親自出迎的國王夫婦及安德洛梅達公主都非常感佩柏爾修斯王子的英勇，於是便毫不猶豫地答應了。

但是安德洛梅達公主其實早就許配給了國王之弟費尼烏斯。在怪獸要侵襲安德洛梅達公主之際，費尼烏斯竟然害怕到發抖而躲了起來，根本沒有勇氣來幫助公主。當柏爾修斯王子與安德洛梅達公主要結婚的時候，便後悔生氣到無法忍受。

他率領了眾多部下，蜂擁進入王宮裡所舉行的婚禮賀宴中，想要奪回安德洛梅達公主。

不過，柏爾修斯王子將梅杜莎的首級高高舉起，他們便揮著利劍而變成了石頭。

在如此壯闊傳說中登場的人

▲鯨魚座的古星圖

物們，全部都會到齊而出現於秋天的星空裡，只要按照故事的開展而依序尋找各個星座的姿態，欣賞星星就會趣味十足，值得再三回味。

此外，據聞卡西歐皮亞王后因為高傲狂言而被綁在椅子上，每天繞著北方天空回轉一周。甚至還有一種說法，指她被上下顛倒地吊在天空裡。

▲寶瓶座與啜飲著從水瓶流溢出泉水的南魚座。右側則為摩羯座。

■扛著水瓶的侍酒美少年
—— 甘尼米德

那個扛著寶瓶座大水瓶的少年，就是希臘神話當中待在特洛伊艾達山上飼養羊隻的美少年——甘尼米德。

據說甘尼米德的身體閃耀著象徵永遠美麗與年輕的金色光澤，是極為俊美的少年。某一天，他如同平日一般看守著父親的羊群時，突然間天空湧起一陣黑雲，有著黑色老鷹伴隨著隆隆雷鳴聲而降落下來，將美少年甘尼米德抓走並往遠處飛去。

當甘尼米德的雙親正在悲傷哭泣時，突然間出現了一個使者告訴他們說：

「別擔心了，因為天神宙斯非常喜歡甘尼米德的俊美外表，所以派他到奧林帕斯的宮殿當中，為每晚舉行的酒宴斟酒。甘尼米德就算年紀再大，生命也沒有消逝的一天喔……」

甘尼米德的父母聽了以後，原本悲傷的淚水也就變成了喜悅開心的眼淚了。

冬天的星座

在颯颯北風當中，冬天的夜空一片清朗澄澈，只要做好防寒的準備後再仰首細細觀察，就可以迎接一整年當中最為豪華燦爛的星光夜景。像是獵戶座以及昴宿星團光彩閃耀的星群們等等……。冬季，其實也是個溫暖動人的星星季節。

北

天龍座

金牛座　　　　　　　　　小熊座

北斗七星　　　　　　北極星

獵犬座　　　　　　　大熊座　　　　　　鹿豹座

后髮座　　　　　　　　　　　　　　　　　五車二

小獅座　　　　　　　天貓座

東　　室女座　　　　　　　　　　北河二　　　　御夫座
　　　　獅子座　　　　　　　北河三
　　　　　　軒轅十四　巨蟹座
　　　　　　黃道

六分儀座　　　　　　　　　　　　　　　參宿五

　　　　　　　　天底道　　雙子座　　　獵戶座
　　　　　　　　　　南河三　　　　　　參宿四
　　　　　　　小犬座
長蛇座

　　　　　　　　　　　　　　冬季大三角　　　　　　M4
麒麟座　　　　　　　　　　　　　　　　　　　參宿七

　　　　　大犬座　　天狼星

羅盤座　　　　　　　　　　　　　　　天兔座

　　　　　船爐座　　　　　　　　　　　天鴿座　天蠍座

船底座　　　　　　　　　繪架座　　雕具座

南

觀星時刻
10月上旬：5時
10月下旬：4時
11月上旬：3時
11月下旬：2時
12月上旬：1時
12月下旬：0時
　1月上旬：23時
　1月下旬：22時
　2月上旬：21時
　2月下旬：20時
　9月上旬：19時

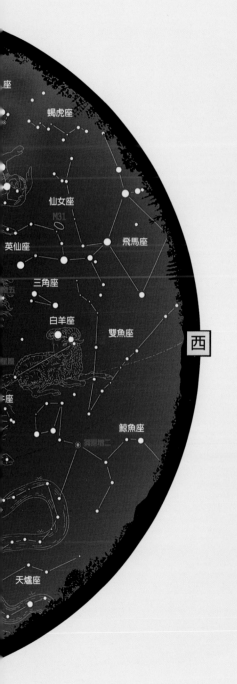

蝎虎座

仙女座

M31

英仙座

三角座

飛馬座

白羊座

雙魚座

西

鯨魚座

天爐座

座

冬天的星空

　　吹襲著勁透寒氣北風的冬天，寒冷地觀星是很辛苦的季節。不過，還是希望大家做好防寒準備，務必來欣賞美麗的星空。在寒冷澄淨的透明空氣當中，明亮的星星們爭相閃爍著光芒，讓我們可以體驗到被一年當中最為輝煌燦爛的星光所包圍的幸福。

　　任誰的視線都會先被獵戶座齊整勻稱的姿態給吸引過去。而且閃耀在左肩的紅色參宿四與其足部星光燦爛的白色參宿七這兩顆一等星，加上三顆星星型態優雅地排成斜斜一列，讓大家可以看到無法想像的美麗星列。

　　這顆紅色的參宿四，以及位於南方天空綻放著藍白色光芒的天狼星，還有小犬座的南河三等三個一等星所形成的「冬季大三角」，更是一目瞭然容易辨認。只要將其視為尋找的標記，就能輕鬆陸續找出各個明亮的冬天星座了。

十二月的星空 ─ 北方天空

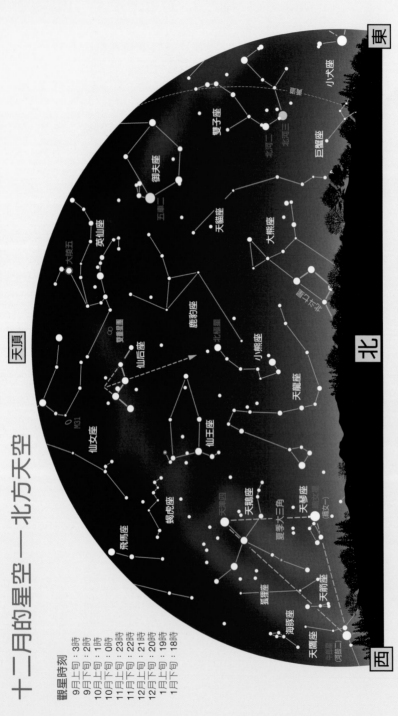

天頂

東

北

西

觀星時刻：
9月上旬：3時
9月下旬：2時
10月上旬：1時
10月下旬：0時
11月上旬：23時
11月下旬：22時
12月上旬：21時
12月下旬：20時
1月上旬：19時
1月下旬：18時

我們可以看到仙后座這個用以尋找北極星的指標高掛在北方的天空裡，且呈現著大大的W字形。此外，夏天的大三角還低垂西方而夜空而傾斜，可是冬天的大三角卻已開始升起至東方的天空中。夕陽日暮早早來到，但同一時間裡還是可以看到大大的三角形。

十二月的星空──南方天空

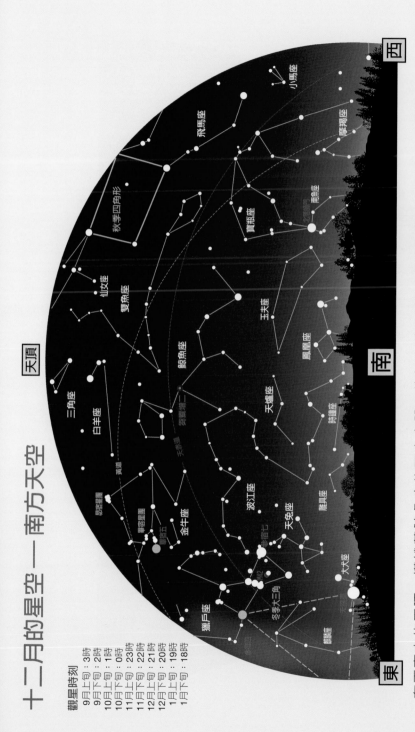

西

南

東

觀星時刻
9月上旬：3時
9月下旬：2時
10月上旬：1時
10月下旬：0時
11月上旬：23時
11月下旬：22時
12月上旬：21時
12月下旬：20時
1月上旬：19時
1月下旬：18時

在正南方的天頂，橫躺著鯨魚座的巨大身體。位於心臟區域而綻放燦爛光芒的紅色芻藁增二，是一顆大小、光度可從二等星變化到十等星的變星，因光線變暗時就會看不到，故請讀者們要特別注意。

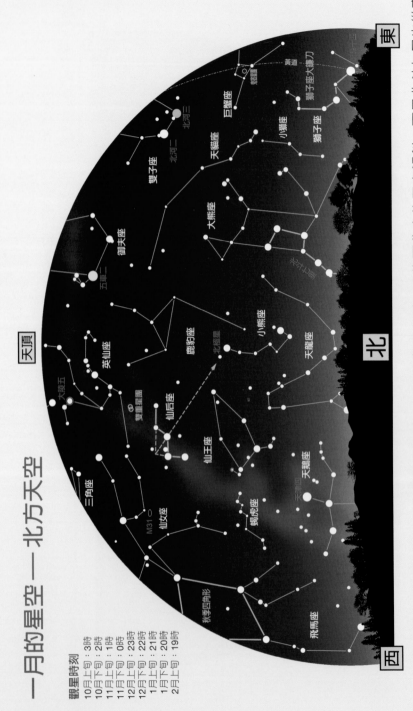

一月的星空——北方天空

觀星時刻

10月上旬：3時
10月下旬：2時
11月上旬：1時
11月下旬：0時
12月上旬：23時
12月下旬：22時
1月上旬：21時
1月下旬：20時
2月上旬：19時

此時我們可以看到用來指出北極星的標誌——仙后座W字形，正往西北方的天空傾斜，而且北斗七星也從東北方的地平線探出頭來。在頭頂頂上的區域，我們也能夠看到御夫座的一等星——五車二正閃爍著黃色的光芒。

一月的星空──南方天空

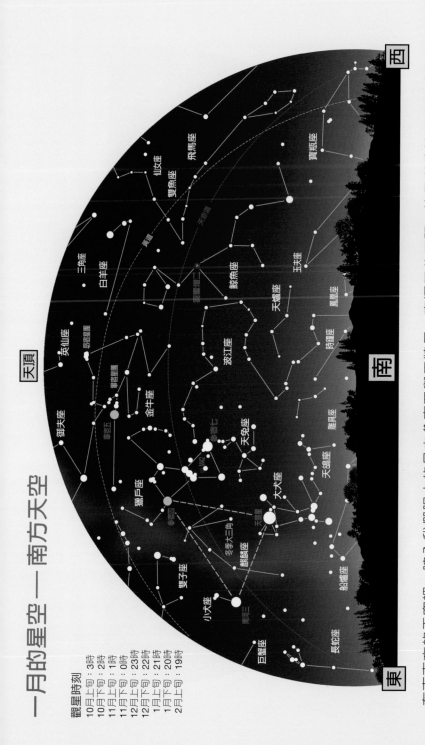

觀星時刻

10月上旬：3時
10月下旬：2時
11月上旬：1時
11月下旬：0時
12月上旬：23時
12月下旬：22時
1月上旬：21時
1月下旬：20時
2月上旬：19時

天頂

西

南

東

飛馬座
仙女座
雙魚座
三角座
白羊座
仙后座
英仙座
昴星團
御夫座
金牛座
畢星團
獵戶座
雙子座
小犬座
巨蟹座
寶瓶座
鯨魚座
天爐座
玉夫座
天鴿座
天兔座
波江座
大犬座
麒麟座
船尾座
長蛇座
時鐘座
雕具座
天倉增
黃道
天赤道
畢宿五
參宿七
參宿四
天狼星
冬季大三角
南河三
天箱增

在東南方的天空裡，映入我們眼中的是由參宿四與天狼星、南河三此三顆一等星所連結而成的「冬季大三角」。另外，位在我們頭頂上的畢宿星團與昴宿星團這兩個星群，更是吸引了眾人的目光。

二月的星空──北方天空

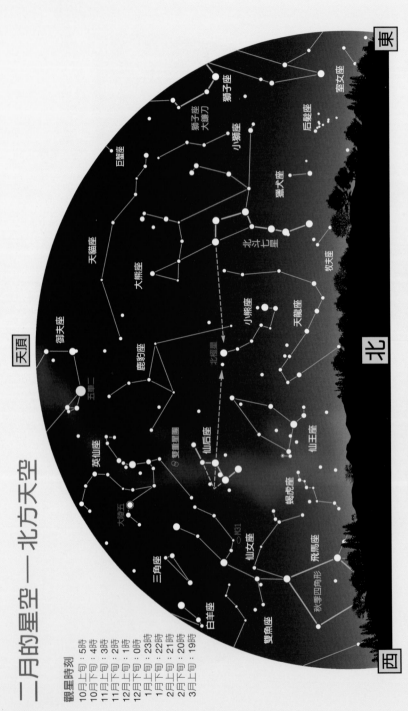

觀星時刻

10月上旬：5時
10月下旬：4時
11月上旬：3時
11月下旬：2時
12月上旬：1時
12月下旬：0時
1月上旬：23時
1月下旬：22時
2月上旬：21時
2月下旬：20時
3月上旬：19時

我們可以見到仙后座W字形隔著北極星而位於西側，東側則有著北斗七星。不論從哪個方向前進，都可以馬上找到北方的標記──北極星。在我們的頭頂上，御夫座的五車二所綻放的光芒更是吸引了眾人的目光。

東

北

西

天頂

· 166 ·

二月的星空——南方天空

觀星時刻

10月上旬：5時
10月下旬：4時
11月上旬：3時
11月下旬：2時
12月上旬：1時
12月下旬：0時
1月上旬：23時
1月下旬：22時
2月上旬：21時
2月下旬：20時
3月上旬：19時

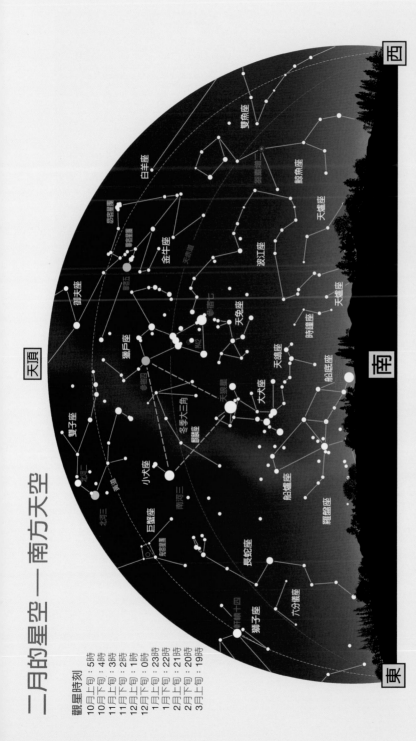

天頂

西

南

東

白羊座
雙魚座
鯨魚座
天爐座
波江座
金牛座
昴宿星團
畢宿五
天苑增一
御夫座
天兔座
時鐘座
獵戶座
天鴿座
參宿四
天狼星
大犬座
船底座
冬季大三角
麒麟座
羅盤座
船尾座
小犬座
南河三
巨蟹座
鬼宿星團
長蛇座
六分儀座
軒轅十四
獅子座
雙子座

在正南的天頂，可以看到由獵戶座參宿四、大犬座天狼星與小犬座南河三這三個一等星所連結形成的「冬季大三角」非常醒目。另外，昴宿星團也是引人入勝的存在。

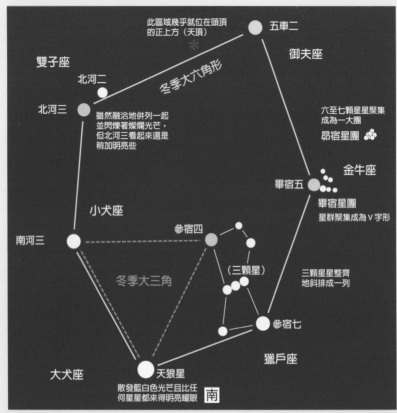

此區域幾乎就位在頭頂的正上方（天頂）

五車二

御夫座

雙子座

北河二

冬季大六角形

北河三

雖然融洽地併列一起並閃爍著燦爛光芒，但北河三看起來還是稍加明亮些

六至七顆星星聚集成為一大團

昴宿星團

金牛座

畢宿五

小犬座

畢宿星團
星群聚集成為V字形

南河三

參宿四

冬季大三角

（三顆星）

三顆星星整齊地斜排成一列

參宿七

獵戶座

大犬座

天狼星

散發藍白色光芒且比任何星星都來得明亮耀眼

南

▲冬季大六角形。將六個明亮的一等星連結起來，就可以在冬季的夜空裡描繪出漂亮的六角形了。

■冬天星座的尋找方法
——冬季大六角形

冰凍寒冷的冬天夜空是在一年當中透明度最為乾淨澄澈的時候，甚至連小顆星體都能看得一清二楚。加上有七顆一等星綻放燦爛光芒，所以星空的美麗與光輝程度也可說是一年當中的最盛時期。

尋找冬天星座的首要指標，就是明亮的六顆一等星所連結成一大圈的「冬季大六角形」又稱為冬季橢圓形。

就像上圖所顯示的，從閃耀在正南天頂的天狼星開始，朝著小犬座南河三以順時針方向移動視線，並順序連結雙子座的北河三、御夫座的五車二、金牛座的畢宿五、獵戶座的參宿七，就形成了一個大大的六角形了。

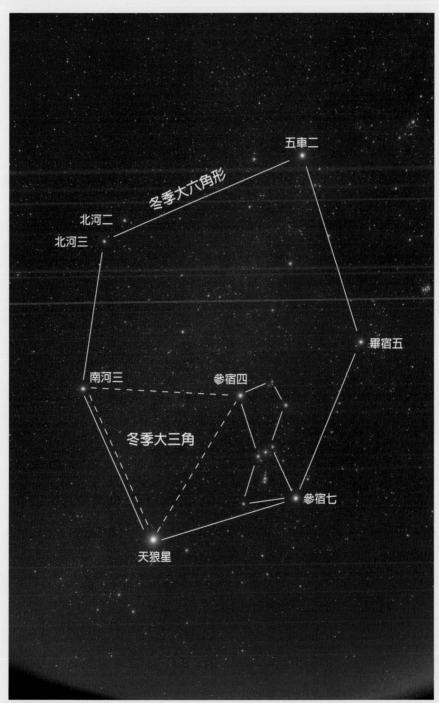

五車二

冬季大六角形

北河二
北河三

畢宿五

南河三
參宿四

冬季大三角

參宿七

天狼星

▲冬季大六角形是繞著夜空一大圈所形成的，是一個規模很大的冬季星空指標。

▲冬季大三角的移動。因為剛好通過天赤道的中間，所以星星都是從正東筆直地移往正西的方向。

■冬季大三角

冬天的夜空裡有許多明亮的星星，所以非常容易找出星座的姿態。不過，如果能有明確的尋找指標當然更好，所以我們在這裡舉出的代表例子就是前頁所介紹的「冬季大六角形」。

因為這個六角形範圍非常大，所以若沒有延伸找出重點的星體，就很可能無法明確捕捉到六角的形狀。像這種情況時，就可以先找到容易辨認的「冬季大三角」，將其作為尋找星座的指標記號即可。

抬頭仰望冬天的夜空時，首先映入眼簾的，就是全天亮度最高而為人熟悉的天狼星這顆星。因為極為醒目閃耀讓人印象深刻，所以就算身處熱鬧街道來觀察夜空，一樣也看得到天狼星。以這顆天狼星為中心，將手臂舉起呈Ｖ字形，就可以看到小犬座的白色一等星南河三在左手前閃耀著，而獵戶座的紅色一等星參宿四也正在右手前綻放星光。

將天狼星、南河三、參宿四等三個明亮的一等星連結而成的倒正三角形就是所謂的「冬季大三角」。出現在隆冬正南方中天處的這個三角形，應該一眼就能夠發現而辨認出來的。

冬季大三角

▲冬季大三角從東方升起時的傾斜姿態。此三角形的傾斜角度會隨著觀看的方向而有所變化。

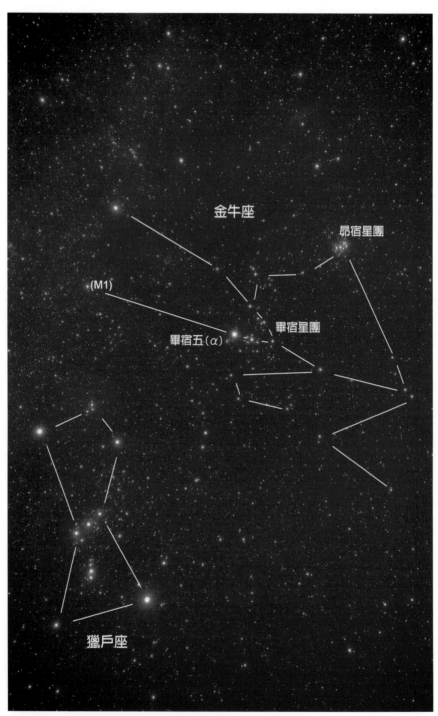

金牛座

昂宿星團

(M1)

畢宿星團

畢宿五(α)

獵戶座

▲金牛座。這個星座被描繪為公牛頂著兩隻角與獵戶座爭鬥的姿態。

▲昴宿星團（右上）與畢宿星團。左下的星群為畢宿星團，而位在Ｖ字形一邊前端的紅色一等星——畢宿五，正在綻放著燦爛光芒。

赤經＝4時30分
赤緯＝＋18度

①20時南中天　1月24日
②南中天高　73度
③面積　797平方度
④肉眼星數　219個
⑤命名者　托勒密
⑥主星　畢宿星團中的 α 星為紅色一等星，畢宿五（Aldebaran）。星名的意義為「接續在後之物」。
⑦主要天體　Ｖ字形的畢宿星團與昴宿星團。兩者均能以肉眼觀察欣賞。
⑧備註　黃道星座。為4月21日～5月21日出生者的星座。

▶金牛座。畢宿五的位置就在公牛眼睛左右的位置。

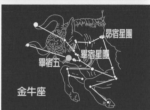

昴宿星團
畢宿星團
畢宿五
金牛座

金牛座
Bull

Taurus Tau

冬天日暮入夜時，我們若是抬起頭往上看，就能夠找到小小星群的昴宿星團，以及呈現Ｖ字形星群的畢宿星團。⑦金牛座的指標記號就是這兩個星團，昴宿星團位在公牛的肩口處，而畢宿星團則是落在公牛的臉部區域。據說這就是天神宙斯載走尤羅芭公主時變身而成的白色公牛模樣。

▲昴宿星團。日本古來即稱其為「昴」，是從古代人裝飾品的印象而來的名字。由大約5000萬歲的年輕星群集合而成的星團，反射著藍白光的星塵光芒，將星團中的星星們給包圍了起來。

▲由小型望遠鏡所看到的金牛座M1蟹狀星雲。是位於公牛南邊牛角前端的超新星爆發殘骸。距離地球約有7200光年。

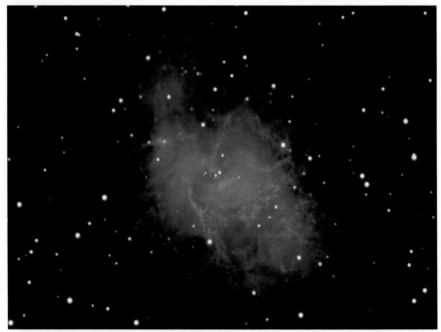

▲M1蟹狀星雲的中心部位。我們可以看到發生過超新星大爆發的星體，之後會變成中子星
（neutron star）（譯註：中子星，又稱為波霎或是脈衝星。是一種被認為由中子構成的恆星，
密度極高。典型的中子星直徑約為20公里，質量與太陽相似，是恆星演化到末期發生超新星爆
炸後可能的少數終點之一。）

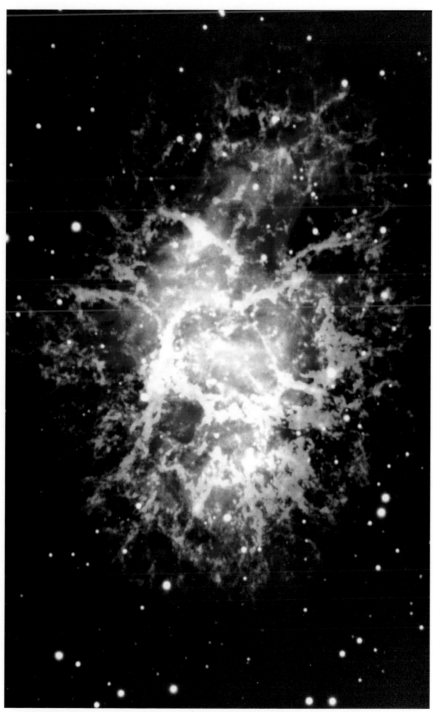

▲M1蟹狀星雲是因為星星殘骸飛散的樣子看起來很像是螃蟹的腳,所以才有這個名稱。目前已經了解到這是在西元1054年大爆發而成為明亮的超新星後出現在夜空當中的。

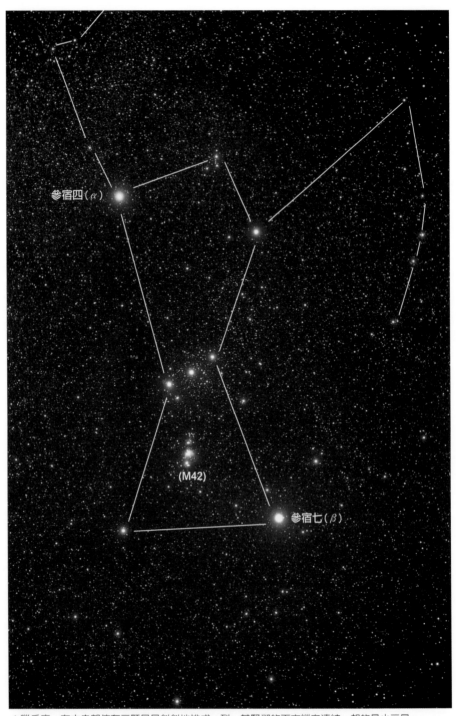

参宿四（α）

(M42)

参宿七（β）

▲獵戶座。在中央部位有三顆星星斜斜地排成一列，其緊鄰的下方縱向連結一起的是小三星。

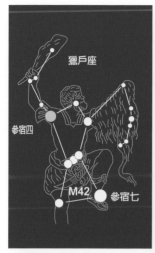

▲獵戶座。雖然外表俊美但卻稍嫌粗魯，而且對自己的力量太過自傲，所以才會被天后赫拉所放出來的毒蠍給刺死。

▶紅色一等星參宿四。據稱其直徑為太陽五百倍，是極為年老的紅色超巨星，此為其真正的樣子。

赤經＝5時20分
赤緯＝＋3度

①20時南中天　2月5日
②南中天高　58度
③面積　594平方度
④肉眼星數　197個
⑤命名者　托勒密
⑥主星　紅色一等星參宿四（Betelgeuse）為其α星，星名的意思為「巨人的腋下」。白色的一等星參宿七（Rigel）則為β星，星名意指「巨人的左腳」。
⑦主要天體　M42獵戶座大星雲。位於小三星的中央部位，以肉眼觀察亦可隱約看見。

獵戶座
Hunter

Orion Ori

其實不僅是冬天的夜空，一整年間的星空中最為華美燦爛的星星就是這個描寫獵人奧利翁模樣的星座。⑥以斜斜排成整齊一列的三顆星為中心，紅色的一等星參宿四及白色一等星參宿七均是綻放著耀眼的燦爛光芒。它那整齊勻稱的姿態鮮明醒目，可說是任誰都能一眼就辨認出來。

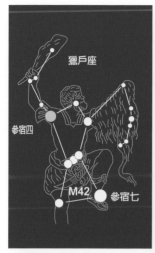

▲獵戶座的中心部位。在小三星的中心，以肉眼觀察就能隱約看到M42獵戶座大星雲。

▲M42獵戶座大星雲的特寫。好似鳥兒伸展雙翼般的形狀裡充滿著氣體,是非常美麗的星雲。

▲M42獵戶座大星雲的中心區域。被稱為四合星的藍白色年輕星團，將整個星雲都給照亮了。

▲獵戶座的馬頭星雲。這是與馬首輪廓相仿的暗黑星雲，無法以肉眼目視觀察看到。

大犬座

天狼星(α)

(M41)

▲大犬座。距離天狼星約為8.6光年。就能夠以肉眼觀察的夜空恆星而言，是距離地球第二近的星星。

大犬座

天狼星

▲大犬座。關於牠有人說牠是獵人奧利翁的獵犬，也有一說是英雄阿克特翁的犬隻，各式各樣的說法流傳不斷。

▶天狼星與疏散星團M41。利用雙筒望遠鏡觀察的話，可以看到天狼星的南邊有著一顆顆星星組合而成的明亮疏散星團M41，與天狼星可在同一視野內見到。

赤經＝6時40分
赤緯＝－24度

①20時南中天　2月26日
②南中天高　31度
③面積　380平方度
④肉眼星數　140個
⑤命名者　托勒密
⑥主星　藍白色的天狼星（Sirius）為其α星，光度為－1.5等星，是全天中最為明亮的恆星。星名的意義為「燒焦的東西」，英文名稱為「Dog Star」，日文名字則為「大星」、「青星」等等。
⑦主要天體　位於天狼星南邊的疏散星團M41。使用雙筒望遠鏡就可以看到。

大犬座
Big Dog

Canis Major　CMa

在隆冬傍晚入夜時的南方中天，出現了給人醒目之感且閃耀明亮的星星，並會立即吸引住我們的視線，那就是位於大犬座嘴部綻放光芒的天狼星。⑥天狼星的亮度為－1.5等星，以形成星座的星星而言，是全天最為明亮的一顆星。大犬座除了天狼星之外，還有許多星星亮度都很明亮，所以是很容易辨認出形狀的星座。

小犬座

南河三（·α）

天狼星

大犬座

▲小犬座。雖然是小型的星座，但只要看過大犬座的形狀後，就會自然浮現出小犬的模樣了。在神話當中，據說是咬死主人阿克特翁的獵犬之一。

◀小犬座與天狼星。南河三位在距離僅為11.4光年的近處。

赤經＝7時30分
赤緯＝＋6度

①20時南中天　3月11日
②南中天高　61度
③面積　183平方度
④肉眼星數　41個
⑤命名者　托勒密
⑥主星　白色的一等星南河三為其 α 星（Procyon），星名的意思是「在犬隻之前」。這是因為它比大犬座天狼星更早升至東方天空的緣故而有此名。
⑦主要天體　南河三是有著一顆小又重的白矮星當作伴星的雙星，使用小型望遠鏡是看不到的。

小犬座

Lesser Dog

Canis Minor CMi

雖然大犬座的天狼星是全天最亮的星星，但靠在其東北方還有顆閃耀的白色一等星——小犬座的南河三。這兩顆星星隔著暗淡的冬天銀河而相對，看起來就像是大小極為相稱的一對組合。從相對於大犬座的位置來找星座，就可以找到小犬座了。③是將南河三與另一個三等星所連結而成的小星座。

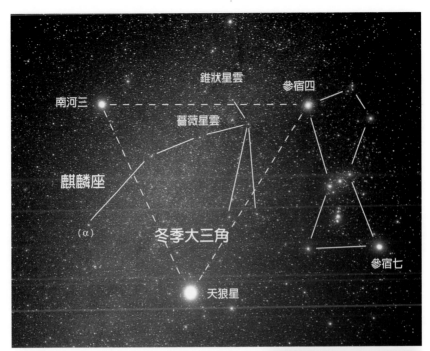

▲麒麟座。可以在冬天的大三角當中找到，但若找不到在天空相當澄淨的地方，即想在此處描繪出獨角獸的模樣，那會是很困難的事情。因為中央區域有著暗淡的冬天銀河穿過，所以微光星很多。

赤經＝7時0分
赤緯＝－3度

①20時南中天　3月3日
②南中天高　52度
③面積　423平方度
④肉眼星數　136個
⑤命名者　巴爾奇（譯註：巴爾奇，Jakob Bartsch。是德國十七世紀著名數學與天文學家。）
⑥主星　α星為四等星，其餘均為四等星以下的暗淡星體，所以非常的不明顯。
⑦主要天體　雖然無法以肉眼觀察，但薔薇星雲其實是很有名的。

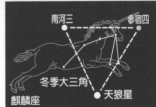

麒麟座
Unicorn

Monoceros Mon

這個星座就位在大犬座天狼星、小犬座南河三，以及獵戶座參宿四等三顆星所連結而成的冬季大三角當中。⑥雖然在冬天的南方天空中是屬於相當大型的星座，但因為亮度非常暗淡，所以很難想像出它的形狀。麒麟座所指的就是頭上有著長角的獨角獸這種超乎想像的動物，人們流傳說，如果能捕捉到這種動物就能獲得幸運降臨。

▲麒麟座的薔薇星雲。是會令人聯想到美麗薔薇花的瀰漫星雲，只要看到照片就可以想像出它的形狀了。

▲麒麟座的錐狀星雲（Cone Nebula）。Cone指的就是圓錐狀，我們可以看到這種形狀的暗黑星雲。

御夫座

五車二(α)

(M38)

(M36)

(M37)

▲御夫座。其星星的排列有如日本象棋的棋子，是從金牛座的角尖延續而來。

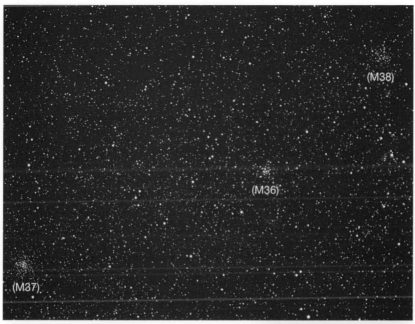

▲從左到右分別為疏散星團M38、M36、M37。可以用雙筒望遠鏡看到這三個相似的星團併排為一列。

赤經＝6時0分
赤緯＝＋42度

①20時南中天
　（北）2月15日
②南中天高
　（北）83度
③面積　657平方度
④肉眼星數　154個
⑤命名者　托勒密
⑥主星　帶有黃色感覺的一等星五車二（Capella）為其α星，星名的涵義是「小母山羊」，是位在全天最靠北的一等星，能夠看到的時間是較長的。
⑦主要天體　M36、M37、M38等疏散星團。約在五角形星列的中間區域，使用雙筒望遠鏡和小型望遠鏡就能夠欣賞了。

▶御夫座。因為腳部不方便，便發明了馬車而奔馳在戰場上的勇士。

御夫座　　　五車二

御夫座
Charioteer
Auriga Aur

抬頭仰望隆冬傍晚的頭頂上天空，就會看到帶有黃色感覺的明亮星星正閃爍著光芒，⑥而這就是御夫座的一等星——五車二。御夫座的外形就像是由日本象棋棋子呈現出來的五角形星列，而五車二就位在其中的一角持續綻放著光芒，這也是一個非常容易辨認看懂的星座。另外，御夫座亦被認為是指抱著母山羊的老人形狀。據說在神話當中，他就是雅典第三任國王艾里克托尼奧斯。

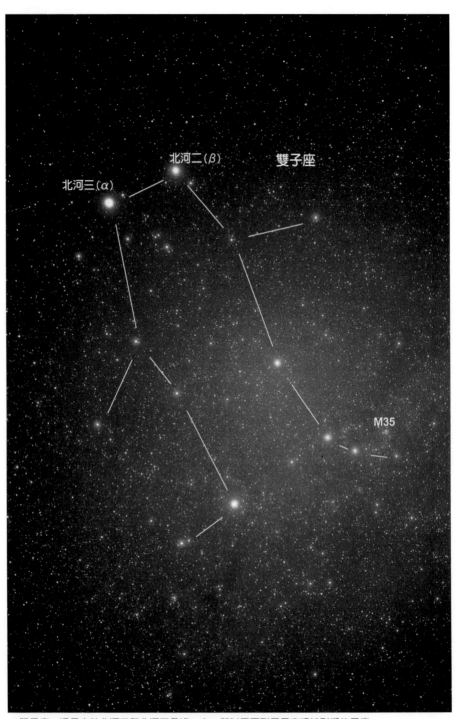

北河二（β）　　雙子座
北河三（α）

M35

▲雙子座。這是由於北河二和北河三各據一方，所以用兩列星星來連結形塑的星座。

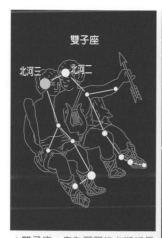

雙子座

北河三　北河二

▲雙子座。身為哥哥的卡斯托是
有名的騎馬好手；而弟弟普勒
克斯則是擅長拳擊。據說天神
宙斯深深受到他們兄弟誠摯的
情誼所感動，於是便將他們變
成星座，以作為友愛的記號與
象徵。

▶疏散星團M35與NGC2158。
使用小型望遠鏡就可以看到北
河二的腳下，有著大小兩團星
群聚集著。

赤經＝7時0分
赤緯＝＋22度

①20時南中天　3月3日
②南中天高　77度
③面積　514平方度
④肉眼星數　118個
⑤命名者　托勒密
⑥主星　孿生的兄弟星，
相較於一等星北河三
（β星），稍加暗淡的
二等星是北河二（α
星）。
⑦主要天體　北河二是互
相圍繞的兩顆星，以
小型望遠鏡就可以清楚
看見。
⑧備註　黃道星座。為5
月22日～6月21日出生
者的星座。

(M35)

(NGC2158)

雙子座
Heavenly Twins

Gemini Gem

抬頭仰望隆冬日暮入夜時的頂上天空，會
有兩顆融洽並列且閃爍著光芒的明亮星星
吸引我們的目光。⑥其中帶有橘色的亮星
是雙子座的一等星——北河三，而較之稍
微黯淡些的星星是北河二。這是希臘神話
中非常活躍的友愛孿生兄弟的星座，就連
飛到星空後，也生動地將這種感覺給表現
了出來。

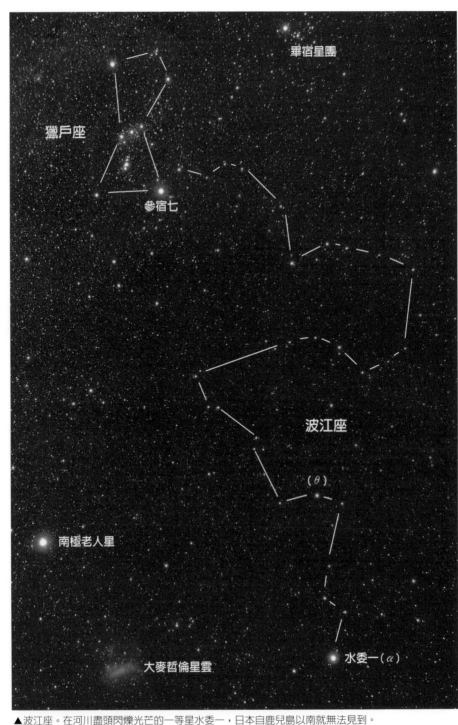

畢宿星團

獵戶座

參宿七

波江座

(θ)

南極老人星

水委一（α）

大麥哲倫星雲

▲波江座。在河川盡頭閃爍光芒的一等星水委一，日本自鹿兒島以南就無法見到。

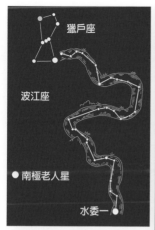

獵戶座

波江座

南極老人星

水委一

▲ 波江座。將小顆星星長長地延續連接後所描繪而成的星座，如果能夠延伸星星的軌跡，就容易想像出大河的感覺。

▶ 漩棒星系NGC1300。是一種好似從星系中心伸出如棒狀般手臂的星系。現在也有人認為或許我們所在的銀河系也有可能像是這樣的漩棒星系。

赤經＝3時50分
赤緯＝－30度

①20時南中天　1月14日
②南中天高　25度
③面積　1138平方度
④肉眼星數　189個
⑤命名者　托勒密
⑥主星　閃耀在星座南端的一等星水委一（Achernar）為其α星，星名的意義是「河川的盡頭」。
⑦主要天體　美麗雙重星（雙星）的θ星，使用小型望遠鏡也可以看到。據說這個位在河川盡頭α星的名稱「Achernar」，原本是替θ星所取的名字。

波江座
River Eridanus

Eridanus Eri

②從位於獵戶座腳下綻放著燦爛光芒的白色一等星參宿七附近開始，將小顆星星連結起來而蜿蜒地往南邊地平線傾流而下，這就是天空的大河星座——波江座。⑥因為此星座沒有較為醒目的星體，所以若想在明亮街道上觀看夜空的話，可能還是有點困難的。另外，在河川南端的盡頭處，更有顆一等星，水委一綻放著明亮光芒。

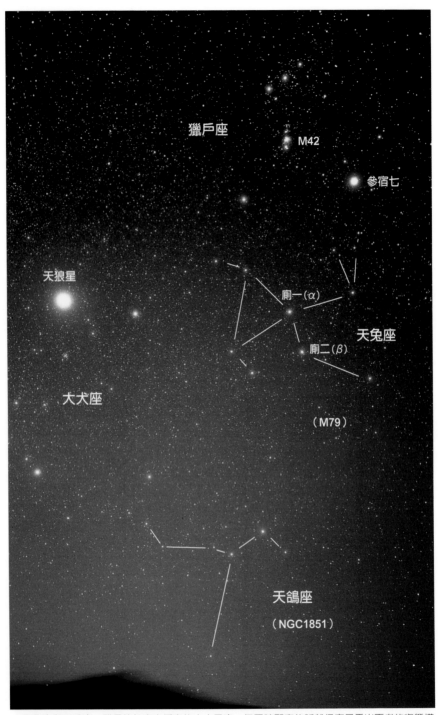

獵戶座

M42

參宿七

天狼星

廁一（α）

廁二（β）

天兔座

大犬座

（M79）

天鴿座

（NGC1851）

▲天兔座與天鴿座。雖是位於南方低空的小小星座，但同時觀察的話就很容易看出兩者的姿態模樣。

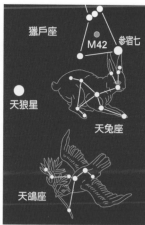

▲天兔座與天鴿座。雖然是小星座，但星星的排列非常明確，是很容易捕捉到外形姿態的兩個星座。

▶上圖／天兔座的球狀星團M79。利用小型望遠鏡觀察，就可以欣賞到它那模糊且稍呈圓形的模樣。

▶下圖／天鴿座的球狀星團NGC1851。因位於南方低空，所以使用小型望遠鏡就能找出其模樣了。

赤經＝5時25分
赤緯＝－20度

天兔座
①20時南中天　2月6日
②南中天高　35度
③面積　290平方度
④肉眼星數　70個
⑤命名者　托勒密
⑥主星　α星為廁一（Arneb），星名的意義為「兔子」。β星則為廁二（Nihal），星名意指「喉嚨乾渴的駱駝」。
⑦主要天體　位在星座南端的M79。是冬天夜空裡少見的球狀星團。

夏

秋

冬

擁有明顯亮星

南方低空

天兔座／天鴿座

Hare / Dove

Lepus Lep / Columba Col

②在獵戶座南方的小星座就是天兔座。它被形塑為好似蹲坐在獵人奧利翁的腳邊，而其緊鄰的東邊，則有著獵犬的大犬座。在天兔座更南邊的地方，則是可以看到口衛橄欖葉的天鴿座。這個星座就是用來形容從諾亞方舟所放出的鴿子的姿態。

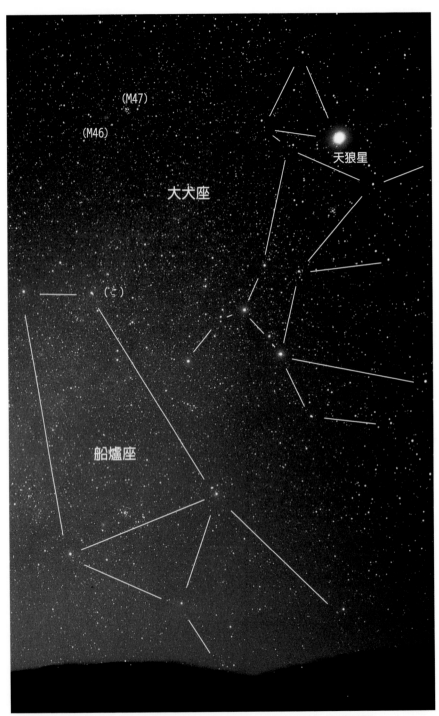

（M47）

（M46）

大犬座

天狼星

（ζ）

船艫座

▲船尾座。就位在大犬座天狼星靠東邊的冬天銀河當中，星星的連結方式較為困難。

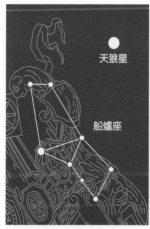

▲船爐座。亞爾古船座現今被分成船爐座、羅盤座、船帆座、船底座等星座。

▶上圖／疏散星團M46。其中還有行星狀星雲NGC2438。

▶下圖／疏散星團M47。M46與M47在冬天銀河中是非常接近而排列一起，如果使用雙筒望遠鏡，就可以在同一視野內觀察看到。

赤經＝7時40分
赤緯＝－32度

①20時南中天　3月13日
②南中天高　13度
③面積　673平方度
④肉眼星數　230個
⑤命名者　拉卡伊
⑥主星　ζ星為Naos，星名的意思為「船」（是由希臘語而來的）。
⑦主要天體　疏散星團M46與M47。在冬天暗淡的銀河當中很接近且並列一起，利用雙筒望遠鏡就可以看到了。

船爐座
Stern

Puppis Pup

②從冬天的大三角中斜斜流過的冬季銀河，一路就朝往南方的地平線順流而下。在這條暗淡的冬天銀河抵達南方地平線之處即有個大船的星座，那就是南船座。不過，時至今日，這艘亞爾古船的各部位都被分解成為各個星座，而船爐座就是相當於亞爾古船船尾的星座。

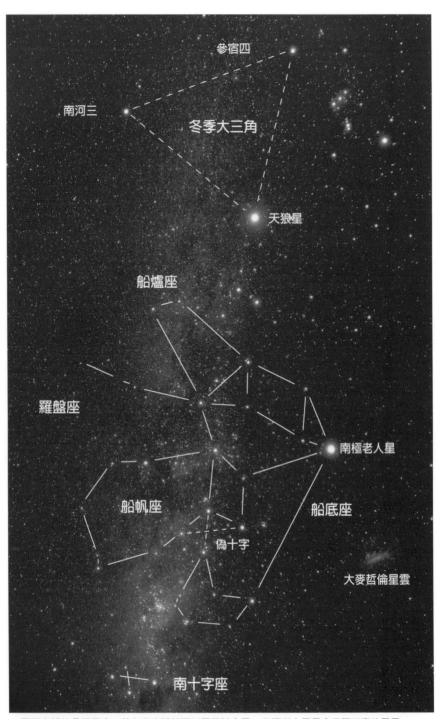

參宿四

南河三

冬季大三角

天狼星

船爐座

羅盤座

南極老人星

船帆座

船底座

偽十字

大麥哲倫星雲

南十字座

▲亞爾古船的各個星座。若在南半球就可以看見其全景。南極老人星是全天第二亮的星星。

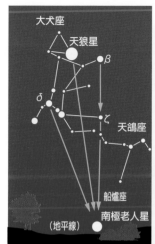

▲找出南極老人星的方法。船底座的一等星──老人星（Canopus），又稱為南極老人星。據說只要看到這顆星，就能變得健康又長壽，是一顆幸運星。我們可以從南方低空的天狼星開始想像尋找其蹤跡。

赤經＝8時40分
赤緯＝－62度

船底座
①20時南中天　3月28日
②南中天高　0度
③面積　494平方度
④肉眼星數　216個
⑤命名者　托勒密
⑥主星　α星為老人星（Canopus）。這個名字原是領航員的名字。亮度為-0.7等的星星，也是全天第二亮星。中文名稱為「南極老人星」。
⑦主要天體　雖然從日本幾乎無法見得，但星座東端有著船底座η星雲，是肉眼即可看到的存在。

▲南船（亞爾古船）座。在希臘神話中曾登場的巨大船隻，在日本是無法窺見其全景的樣貌。

▶船底座的疏散星團NGC2516，是位在偽十字附近的明亮星體，利用雙筒望遠鏡就能看到。

船底座 / 船帆座 / 羅盤座
Keel / Sails / Compass
Carina Car / Vela Vel / Pyxis Pyx

這是在十八世紀後半時，將巨大的南船座分割成為船隻各部位名稱的星座。②因為只看得到位在冬季南方地平線上的一半，所以可說是很難連結而理解其整體形狀。⑥在日本，雖然能夠看到此星座低掛冬天南方地平線的模樣，但大家的興趣都在能否看見船底座的一等星──南極老人星之上。

▲天神宙斯所變成的白色公牛。

■金牛座的神話

在某個晴朗的午後，腓尼基國王的女兒尤羅芭公主，與侍女們一同來到海邊的牧場摘著花朵。突然間，出現了一隻不知從何而來的白色公牛緊靠過來，並在尤羅芭公主身旁蹲坐了下來。

當尤羅芭公主溫柔地撫著公牛的背部時，公牛好像「要邀請公主試著坐看看」一樣地貼近身體。尤羅芭公主也半開玩笑地坐了上去，但公牛這時卻突然站起身，立刻往海中奔馳而去。

侍女們的呼叫聲逐漸模糊而消失在遠處時，尤羅芭公主也只是無計可施。「你到底要把我帶到哪裡去啊」尤羅芭公主輕聲地詢問公牛，而公牛竟回答說：「我是天神宙斯，妳來當我的新娘吧！」

據說公牛與尤羅芭公主最後橫渡過地中海，到達了另一邊的陸地，而這塊土地不久之後便被稱為「Europe」──歐洲了。

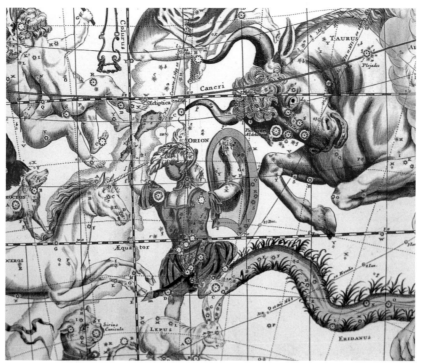

▲獵戶座與金牛座。獵人奧利翁所追趕的是昴宿星團的七姐妹。

■昂宿星團與獵戶座

亞特拉斯的七姐妹是侍奉月神阿爾提蜜絲的侍女。某個月色明亮的夜晚,當她們七姐妹在森林中跳舞遊玩時,卻跑來了天界的獵人——奧利翁。

雖然獵人奧利翁非常愛慕這七姐妹,但因為她們很害怕粗魯的奧利翁,於是便慌慌張張地逃走,並向女神阿爾提蜜絲尋求援助。女神急忙地將七姐妹藏在自己的衣擺下,於是奧利翁沒有發現,東張西望地跑走了。

奧利翁離開之後,女神阿爾提蜜絲便拉起了衣擺,七姐妹們就化成美麗的鴿子姿態而飛上了天空,並成為昴宿星團而綻放著閃耀光芒。

但不久之後,奧利翁自己也變成了星座,情況仍是一樣糟糕。因為星星日周運動的緣故,所以奧利翁昇到天空持續追逐七姐妹之後,就形成了七姐妹們不斷地朝向西方逃跑而循環不已的窘境。

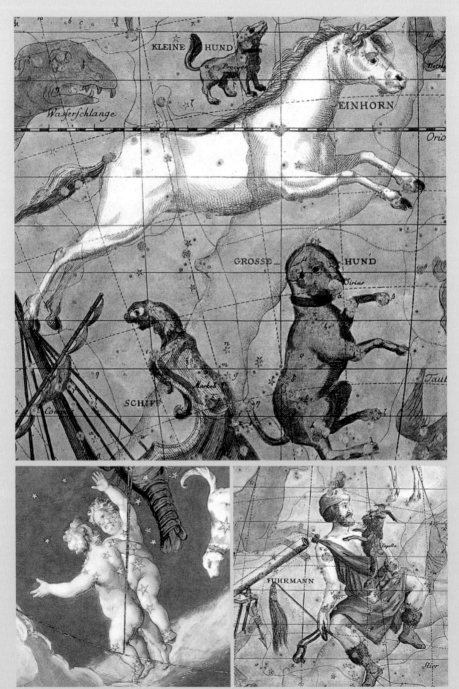

▲冬天星座的古星圖。上圖為額頭長有長角的麒麟座。在上下兩邊可分別見到大犬座與小犬座。下左為雙子座，右下則為老人抱著母山羊的御夫座。

南方的星空

在臺灣無法窺見而令人憧憬萬分的
南半球星空當中，其實也有著魅力
十足的天體們閃耀燦爛耀眼的光
芒。本章所要介紹的，就是以南十
字星為首而在南國旅行觀賞夜空時
務必注意瀏覽的各個天體，另外還
有可藉由肉眼與雙筒望遠鏡欣賞到
的各類風景。

※ 在本章中，上面色塊所標列的是天體的名
稱，色塊下方則顯示了該天體的英文名稱、
學名、簡寫、天體記號等等各種資料。

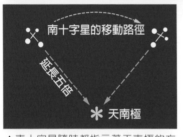

▲南十字星隨時都指示著天南極的方向。戰場上的勇士。

▲半人馬座的 α 星與 β 星、南十字星（南十字座）。左邊兩個半人馬座的亮星，因指示出南十字星的方向，所以也被稱為南十字的「point star」。左端的 α 星是距離我們最近的恆星，約位在4.4光年之處，也可以說是太陽的鄰居。右邊由四個小型星體所集合形成的小小十字形星座，就是所謂的「南十字座」。同時它還連接著被稱為「煤炭袋」的暗黑星雲部分。（譯註：煤炭袋，Coalsack。是南十字座最為顯著的暗黑星雲，用肉眼觀察即可發現。與地球間的距離大約是600光年。）

南十字星（南十字座）

Southern Cross　　Crux Cru

赤經＝12時20分　赤緯＝－60度　①20時南中天　5月23日　②南中天高　41度　③面積 68平方度　④星數　48個

　「南十字星」這個名字，雖然讓人對南方心生嚮往之情而大受歡迎，但它可不是指閃耀在椰子葉影間的單顆星星，而是排列成為一個小小十字的四顆星的名稱，正確說來，其實它就是名為「南十字座」的星座。這是全天當中最小的星座，但此星座的星星非常明亮，所以在天空的銀河當中倒是極為醒目。不過在日本一地，卻只有當它於春天升至沖繩附近的低矮地平線時才得以看見，所以若想仔細觀察欣賞的話，就必須去到夏威夷、關島等這類位處南半球的國度。

南十字星

β

α

▲在澳大利亞所看到的南十字星。此星會在天南極的四周移動，一整年都能見到它高掛南方天空。

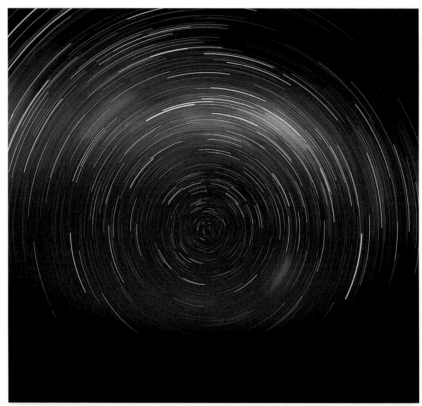

▲天南極的日周運動。雖然沒有明亮的星體，但若拍下照片來觀察還是可以馬上發現天南極（圓的中心）的情況。

天南極

South Pole

南極座　赤緯＝－90度

在北方天空的北極處有著北極星這顆明亮的二等星閃爍著光芒，讓我們可以立即了解正北的方向。不過到了南半球的天南極區域，卻發現到這裡並沒有可稱為「南極星」的明亮星體。正因為這個緣故，如果想知道正南的方向就無法像北半球那般容易，反而成為相當困難的事情。像這種情況，能夠派上用場的就是南十字星（206頁）了。如果將這個十字形較長的那一邊延伸五倍，就會到達天南極。也就是說，一整年間在南天星空下各處都可見到的南十字星所扮演的角色，正與北天空中的北斗七星相同。大家只要熟悉習慣之後，就可以利用此種方法找出天南極的位置。

▲位處南半球時所見到的獵戶座。我們看到的星座會呈現上下顛倒的姿態,這對我們已經習慣的
　北半球觀看方法而言是很容易產生混淆的。

▲南十字座與船底座 η 星雲。在明亮的銀河當中，我們可以見到靠近左邊處有著南十字座，靠近右邊則有著船底座 η 星雲的模樣。在此星雲的左下方還可看到明亮星群聚集而成的藍白色疏散星團，那就是「南昴宿星團」（第218頁），而且以肉眼觀察就能欣賞到其身影。

◀寶石箱。就位在南十字的極近區域，是由明亮星體巨集形成的疏散星團。若利用望遠鏡觀察，還可以見到帶有紅色的星體，因為姿態非常美麗，故有此名。

船底座 η 星雲

η Car

船底座　赤經＝10時45分　赤緯＝－59度41分　視直徑85分 × 80分　距離4200光年

在南十字座附近的明亮銀河當中，有著許多可以使用肉眼或雙筒望遠鏡觀察欣賞的星雲、星團。其中要多加留意的就是船底座 η 星附近的廣大瀰漫星雲，而且它的存在大到以肉眼就可以清楚分辨。若使用雙筒望遠鏡注視觀察，還可以見到廣泛分散的瀰漫星雲光芒當中，混雜了數道的暗黑地帶，那迫力十足的美麗讓人嘆為觀止。拍攝照片也很容易，只要利用固定相機就能簡單拍攝到其呈現著紅色的模樣。

▲船底座 η 星雲。瀰漫星雲的光芒與明亮疏散星團的星體重疊在一起,進而廣泛地擴散開來。

▲ 相較於右邊的大麥哲倫星雲，左邊的小麥哲倫星雲約只有一半大小。大麥哲倫星雲位在劍魚座，大小約為填滿北斗七星杓子的程度。

▲ 超新星1987A（箭頭處）。這是1987年2月出現在大麥哲倫星雲的超新星。光度為2.9等，以肉眼觀察也可清楚見到。

大麥哲倫星雲

Large Magellanic Cloud LMC

劍魚座　赤經＝5時24分　赤緯＝－69度45分　①視直徑650分 × 550分　②距離16萬光年

南半球天空裡必見的景象就是浮現在天南極附近的兩團暈染星雲美景。這兩個天體看起來就像是銀河的破片雲，所以被稱為大、小麥哲倫星雲。這兩個名字是由首次完成繞行世界一週的十六世紀探險家麥哲倫而來。雖然肉眼可以清楚辨認，但在光亮的街道上欣賞夜空時，卻是不容易觀察辨認出來，故而必須去到夜空澄淨的郊外且的確能夠觀賞的場所才能見到，不過此星雲絕對稱得上是值回票價的景觀。

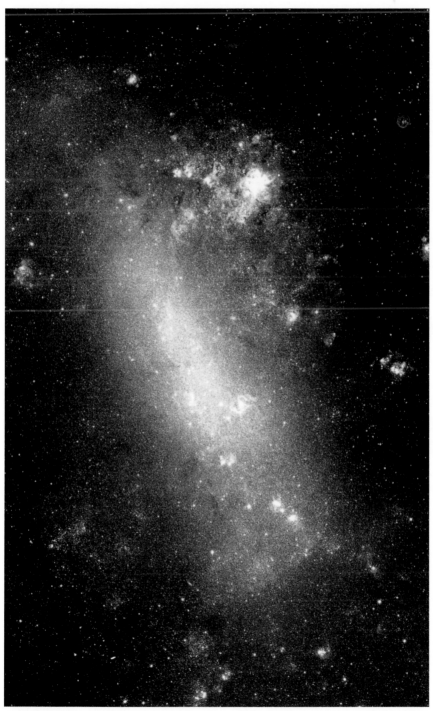

▲大麥哲倫星雲。其實是圍繞在銀河系周遭的恆星大集團。我們還可以見到其中有著紅色的瀰漫
　星雲等部分。

▲小麥哲倫星雲。比大麥哲倫星雲更暗淡且更小些。右上方密集星群所形成的天體就是球狀星團NGC104。

小麥哲倫星雲
Small Magellanic Cloud SMC

杜鵑座　赤經＝0時53分　赤緯＝－72度50分　①視直徑280分 × 160分　②距離20萬光年

位在天南極附近的杜鵑座的星系。即使以肉眼觀察，也可以見到其與大麥哲倫星雲如同銀河破片雲般一起浮現在星空的景象。大小約只有大麥哲倫星雲的一半，而且其緊鄰一旁還能目視見到球狀星團NGC104。大、小麥哲倫星雲是南天第一奇觀，也是務必拍攝下來留念的天文景象。如果將拍攝時能

曝光約30秒至一分鐘，就可以拍到出意料的美景，所以最好與地面上的風景輪廓陰影同時拍攝下來。大、小麥哲倫星雲是伴隨我們銀河系的星系，以長達數億年的時間圍繞在銀河系周圍，同時也有人認為它最終還是會被銀河系給吸收並且合而為一。

▲從冬天的大三角到南十字間的銀
　河。圖片上方是日本也能見到的
　冬天暗淡銀河部分。下方則是可
　以看到的南十字。

▶銀河系中央部分的銀河。銀河在
　人馬座附近的光芒與迫力更是明
　顯。澳洲的原住民們還將銀河中
　的黑暗區域看成是鴯鶓的輪廓黑
　影。南十字旁的煤炭袋星雲即相
　當於其頭部區域。

南天銀河
Milky Way of Southern Sky

在我們所居住的銀河系裡，大約有2000億個星星會捲出漩渦，同時呈現著平平的圓盤狀。從這樣的銀河系內部所看到的，就是我們環繞夜空一週後，所看到成為光帶的銀河光芒模樣。因為銀河系中心方向位於人馬座，所以銀河在人馬座附近會更顯明亮且範圍更廣。當身處人馬座會升至頭頂上方的南半球時，就能看到附近的銀河光芒會較日本一地看起來更加燦爛耀眼，它那迫力十足的姿態模樣，也是南方天空裡絕不可錯過的美景之一。

▲南半球的星空。在頭頂上有著明亮的銀河光芒橫跨空中，且天南極附近還有如同破片雲般的
　大、小麥哲倫星雲。在南半球的星空當中，更能夠看到許多難得一見的各類動物星座。

球狀星團　NGC104

NGC104　47Tuc

杜鵑座　赤經0時24分　赤緯－72度4分

這是在小麥哲倫星雲旁邊即可見到的球狀星團。因為非常明亮，所以用肉眼觀察也能夠見到。因而除了NGC104這個編號之外，它另外還有星座中的星體編號，就是被稱為杜鵑座47號星的這個名稱。與這種情況相同的還有半人馬座的ω星團（第57頁）。這是南半球星空中美麗僅次於ω星團的景觀，所以使用望遠鏡就可以看到，其中有著無數星體聚集而擠成球狀的樣子，讓人為此奇景而驚嘆不已。

▲NGC104。光度為4等星，視直徑為23分。

南昴宿星團

IC2602

船底座　赤經10時43分　赤緯－64度24分
星數25個

這是在船底座η星雲南邊可以看到的明亮疏散星團，而且其中還有包含船底座的θ星。以肉眼觀看也能見到星粒，若使用雙筒望遠鏡可更為清楚地看到藍白色星體的集合。正因為上述的印象與感覺，所以人們將其與北天的昴宿星團加以比較，並稱之為「南昴宿星團」。不過，此星團星群聚集的情況並不如北邊的昴宿星團，所以使用低倍率的雙筒望遠鏡就能夠觀察欣賞了。

▲南昴宿星團。光度為1.6等，視直徑為65分。

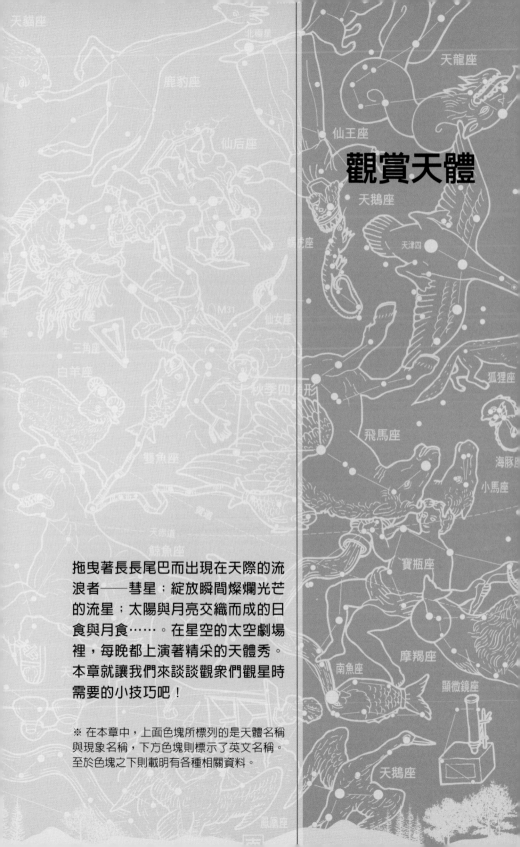

觀賞天體

拖曳著長長尾巴而出現在天際的流浪者──彗星；綻放瞬間燦爛光芒的流星；太陽與月亮交織而成的日食與月食……。在星空的太空劇場裡，每晚都上演著精采的天體秀。本章就讓我們來談談觀眾們觀星時需要的小技巧吧！

※ 在本章中，上面色塊所標列的是天體名稱與現象名稱，下方色塊則標示了英文名稱。至於色塊之下則載明有各種相關資料。

搗年糕的兔子　女人的側臉

驢子　鱷魚

怒吼的獅子　扛著木頭的人

正在讀書的婦人　單螯的螃蟹

▲欣賞月面圖案的舉例。月亮表面所看到的陰暗圖案，在世界各地都被想像為各種事物。

◀高昇在東方的滿月。外表大小約為0.5度，雖然平日隨時可見而沒有變化，但當靠近地平線時的月出與月沒之際卻是給人非常巨大之感，那是因為人類眼睛錯覺的影響。

月球（以肉眼觀察）

Moon

距離地球的平均距離約38萬4400公里　自轉週期27.32日　赤道半徑1738公里

月球與太陽同是外表體積大到可用肉眼觀察的天體，所以我們可以盡情享受欣賞的樂趣。在夜空中可以見到的大小以角度來說大約是0.5度。這大約就是拿著日幣五圓銅板並把手伸直後出現在硬幣中間孔穴的程度。或許有人會認為似乎相當小，不過月球盈虧的姿態與表面見到的陰暗圖案、新月時的地照等等，都是我們可憑藉肉眼觀察而了解的，所以千萬不要低估月球的大小程度。特別是月亮的圖案，自古以來就給人許多繽紛多彩的想像。

（譯註：地照，是指地表表面反射太陽光後而照亮了鄰近天體的現象，通常此天體是為月球。而地照也被稱為「灰光」或是「新月抱舊月」。）

▲新月與地照。細細的月亮陰暗側看起來模糊朦朧，那是因為地球反射的太陽光正照著月亮黑夜的部分之故。

▲撞擊坑。由於月虧之際，太陽光斜斜照射而產生陰影，因而容易見到地形的凹凸情況。比起標準正圓的滿月時期，月虧時期的地形反而較容易清楚觀察，這是非常有趣的。

◀滿月。標準正圓的滿月時期，太陽會從正上方照射，所以地形不會產生影子，當然樂趣就少多了。不過，此時被稱為「Ray」的白色光束卻會增加光亮程度，可以讓我們觀察得更清楚。

月球（以雙筒或天文望遠鏡觀察）

Moon

距離地球的平均距離約38萬4400公里　自轉週期27.32日　赤道半徑1738公里

在月球上有著無數被稱為「撞擊坑」的圓形孔洞。這是大約四十幾億年前，月球剛剛誕生時表面被許多小天體所撞擊後產生的痕跡。雖然我們無法以肉眼觀察了解，但只要以較大倍數的雙筒望遠鏡就可以清楚地觀察欣賞。而且，這更讓我們了解到肉眼看到好似兔子搗杵年糕的陰暗圖案，其實就是月球上極少撞擊坑且沒有水窪的平原區域。若使用望遠鏡的話，我們還能看到月球上山脈與谷地等等較為詳細的地形，如此即能好好欣賞月世界觀光的莫大樂趣。

（譯註：撞擊坑，Crater，又稱為月坑、隕石坑、環形山等。這種坑洞是因行星、衛星、小行星或其他類似天體表面被隕石撞擊形成的凹坑孔穴。）

▲上弦月。雖然利用天文望遠鏡觀賞所看到的是上下顛倒的樣子，但若以雙筒望遠鏡觀察，則會
　見到與肉眼欣賞時同樣的景象。

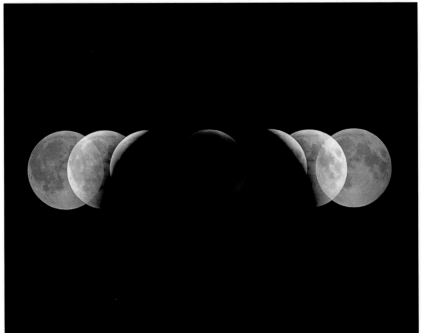

▲ 通過地球陰影當中的月球。映照在月面上的圓形黑暗部分是地球的影子。從這個景象看來，我們可以直接看見並加以確定地球的確是圓形的天體。

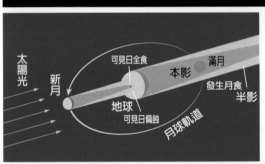

◀ 引發日食與月食的原因。日食是月球遮蔽太陽的現象，都是在新月的時候所發生的。另一方面，當滿月進入地球的影子所產生的是月食。一般很少發生，是非常少見的天文現象。

月食
Luna Eclipse

滿月進入地球的圓形陰影當中，而產生看似月虧的現象就叫做月食。而且，當發生月食而開始月虧時，是無法見到如同上弦月月虧時所能見到那樣的地照等等，因為從頭到尾都只看到滿月映照的地球陰影而月虧而已。此外，月食也會因地球橫切滿月的情況而有不同的各種觀看方法。當月亮整個沒入地球陰影中時，就會形成月全食，但若只是掠過影子的一部分，就會變成月偏食。

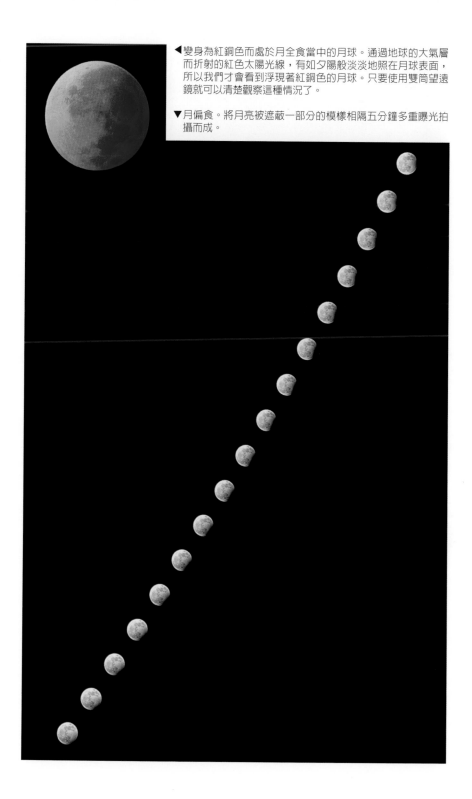

◀變身為紅銅色而處於月全食當中的月球。通過地球的大氣層而折射的紅色太陽光線，有如夕陽般淡淡地照在月球表面，所以我們才會看到浮現著紅銅色的月球。只要使用雙筒望遠鏡就可以清楚觀察這種情況了。

▼月偏食。將月亮被遮蔽一部分的模樣相隔五分鐘多重曝光拍攝而成。

▲金牛座的畢宿星團與接近下弦的月亮。發生星團的掩星情況時，月球會通過眾多星星之間，所以我們還能欣賞到星星們陸陸續續掩蔽又出現的樣子。我們在月亮旁邊看到帶有紅色光芒的是金牛座的一等星——畢宿五。

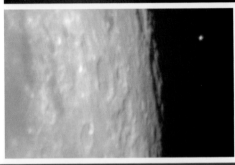

◀畢宿五掩星的特寫。從月球陰暗邊緣進入會比較容易看到，當從明亮邊緣走出時則是較難觀察得見。所以觀察時要持續欣賞，而且注意不要弄錯星體出入的位置。

掩星
Occultation

當月球以一個月的時間繞行星空一週時，有時會出現遮蔽背後星座星體的情況，而這就是被稱為「掩星」的現象。持續欣賞月亮遮蔽星體或是離開星體的景象，是非常驚奇刺激的。此外，除了星座的星星外，有時甚至也會出現遮蔽金星、木星、土星等行星的現象。而這種情況就特別將其稱為「行星掩星」。因為月亮沒有大氣層，會在一瞬間就遮蔽消失或現出蹤影，所以觀賞時最好是持續注視星體的進入及走出。

▲被新月遮蔽的金星。地照的美麗新月讓金星這顆傍晚的亮星產生掩星情況的景象。

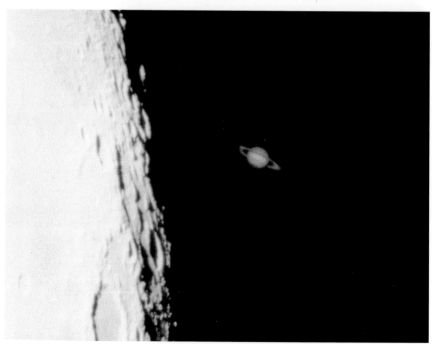

▲土星的掩星現象。形狀特異的行星掩星，在掩星當中也是值得特別關注的奇景。

■月食的預報

地球的陰影包含有較淡的半影部分及較暗的本影部分。因為半影是環繞著本影周圍，所以滿月會先通過半影部分後再進入本影部分，繼而出現月食的情況。也就是說，月食在食虧前後必定會進入半影部分，所以將其稱之為半影月食。

不過，當滿月通過地球陰影的南與北時，會只通過半影部分而不會進入本影部分，這種情況則是稱為「半影月食」。因為這種現象並不明顯，所以不容易以肉眼觀察得見。也因

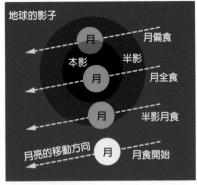

▲地球的陰影與月球。

此半影月食並不會特別發布預告。

下表所標列的就是日本未來可見的月食，同時也包括了國外能夠見到的月食。

年日月	種類	食分	月食開始	結束	可見地區
2008年8月17日	偏食	0.813	4時36分	7時45分	全國僅限月食開始
2010年1月1日	偏食	0.082	3時52分	4時54分	全國
2010年6月26日	全食	0.542	19時16分	22時00分	全國
2010年12月21日	全食	1.261	15時32分	19時2分	全國後半
2011年6月16日	全食	1.705	3時23分	7時3分	全國前半
2011年12月10～11日	偏食	1.110	21時45分	1時18分	全國
2012年6月4日	偏食	0.376	18時59分	21時8分	全國
2013年4月26日	偏食	0.021	4時52分	5時23分	全國
2014年4月15日	全食	1.296	14時58分	18時33分	全國僅限月食結束
2014年10月8日	全食	1.172	18時14分	21時35分	全國
2015年4月4日	全食	1.005	19時15分	22時45分	全國僅限月食結束
2017年8月8日	偏食	0.252	2時22分	4時19分	全國
2018年1月31日	全食	1.321	20時48分	0時11分	全國
2018年7月28日	全食	1.614	3時24分	7時19分	全國前半

▲從現在開始可以見到的月食。食分超過一的情況就成為月全食。（以日本為準）

■掩星的預報

　　星體被月亮所掩蔽的現象稱為掩星，而以望遠鏡所能觀察到的掩星每年大約有150次左右。這些詳細的預報會由中央氣象局或天文館發布，但大部分都是五～七等級的小星體掩星，所以能用雙筒望遠鏡看到二等星以上的情況是非常少見且珍奇的。當行星被月球遮蔽而產生「行星掩星」的情況是如同下表所列資料一樣少見。要注意的是，這種情況也不限於夜間才可以看到，有很多都是在白晝間所發生的。甚至有些掩星的現象是以望遠鏡就可

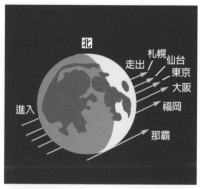

▲掩星的舉例。觀賞方法會因為地區不同而有所差異。

以在白天的藍空中看到，如果是一等星以上的亮度，使用小型望遠鏡就能觀察欣賞。所以讀者們可多加注意每年發行的天文年鑑或是天文雜誌預報欄等相關資訊。

行星	年日月	進入	走出	狀況
水星	2008年12月29日	12時32分	14時18分	
	2009年2月23日	4時59分	5時45分	東京：月出5時10分
金星	2012年8月14日	2時45分	3時30分	
	2019年8月1日	3時49分	4時39分	東京：月出4時28分
	2021年11月8日	13時48分	14時39分	
火星	2019年7月4日	15時5分	15時27分	
	2022年7月21日	23時35分	0時15分	廣島以下可見
木星	2009年2月23日	9時4分	10時35分	
	2012年7月16日	13時6分	14時4分	
	2034年10月26日	1時7分	2時4分	
	2037年12月24日	19時50分	20時51分	
土星	2014年9月28日	12時12分	13時34分	
	2024年7月25日	6時30分	7時24分	
	2024年12月8日	18時19分	19時1分	
	2025年2月1日	———		

▲東京一地可以看到的明亮行星掩星。———為東京看不到的掩星。

▲日出時的太陽。高掛在我們頭上閃耀光亮的太陽，事實上是極為炫目而無法直視的，不過我們有時會出神地凝視低掛地平線上且已減光的太陽。不過即使是這種情況的太陽，只要長時間持續注視的話對眼睛仍然是不好的，還是應該要避免這種情況。

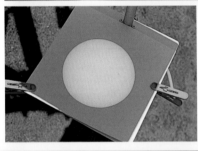

◀投影在太陽投影板的太陽像。因為不要直接以望遠鏡直視觀察太陽，所以像這樣觀看投影板上的太陽像才是安全的。而且這種方法的另一個優點就是可以讓許多人在同時間一起觀看。

太陽
Sun

距離地球的平均距離約1億5000萬公里　自轉週期25.38日　赤道半徑69萬6000公里　質量地球的33萬倍

天體的光芒一般而言都是很弱的，但只有太陽是比較特別的例子。尤其它那過度的熱與光，更是會對人們的眼睛造成傷害。所以觀察太陽時，務必盡可能地降低光亮的程度。最安全的方法還是使用觀測太陽用的太陽眼鏡及觀測日食用的眼鏡，而這些產品都可在望遠鏡公司或是望遠鏡光學商店等處購入。另外，絕對必須避免的方式就是使用黑色塑膠袋般這類的代用品來進行觀測，因為這樣還是有可能灼傷眼睛。至於以望遠鏡來觀看太陽表面的安全方法，我們還是推薦將太陽像投影在太陽投影板上這樣的作法。

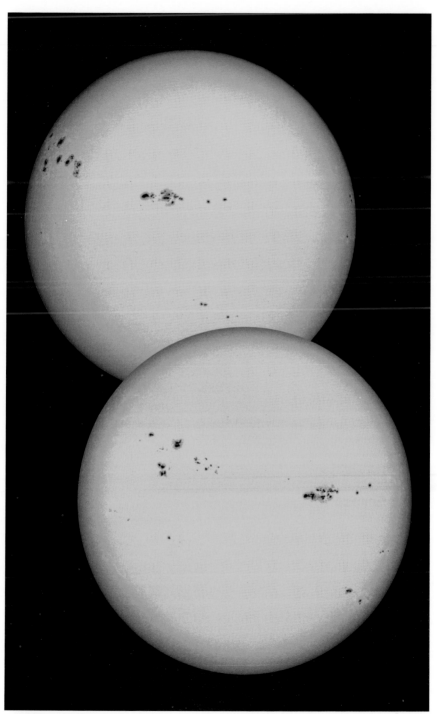

▲太陽表面上極為醒目的部分就是黑子。會隨著太陽的自轉而移動。黑子以11年的週期而出現增減的情況。

▲日食。太陽看似缺少的部分其實是新月。欣賞方法與觀測太陽時的方法相同,都必須注意減光的方式。

日食
Solar Eclipse

當黑色新月覆蓋住太陽時,太陽就會出現產生缺塊景象的日食。太陽與月亮外觀大小幾乎相同,均約為0.5度左右,所以這會使得日食的觀測方法有著微妙的變化。也就是說,如果月球比太陽外觀大小稍稍大了一點時,就會變成太陽全被覆蓋住的日全食;但如果稍微小了一點,太陽邊緣就會從黑色月亮周圍稍稍露出來,而形成有如光環般的日環食。能夠看到日全食與日環食的地區非常少,是非常難得一見的景象,但是會看到太陽缺少一部分的日偏食,倒是幾年就會出現一次。

▲日全食之際才能看得到的日冕。其實它的真實面貌就是從太陽散發出來的氣體。平日因為太陽光線亮度太高，所以是無法看見的。

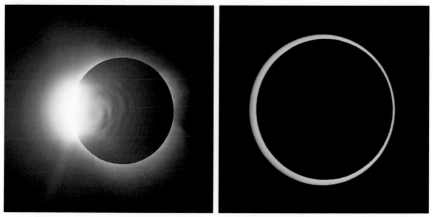

▲左邊是日全食發生前後所出現的鑽石環，而右邊則是日環食的情況。

■行星的移動與行星預報

在太陽系當中，共有水星、金星、地球、火星、木星、土星、天王星、海王星、冥王星等共九個行星回轉著。其中能夠以肉眼觀察看到的是水星、金星、火星、木星、土星等五個行星，天王星與海王星則是沒有使用雙筒望遠鏡就看不到，而冥王星更是需要口徑高達30公分以上的望遠鏡才可能看到。

如果在夜空中觀看這些行星的話，就會發現它們在星座當中來回移動著。也就是說，雖然星座的星星位置並沒有改變，但行星的位置卻已經有所變化，並移動黃道十二星座。

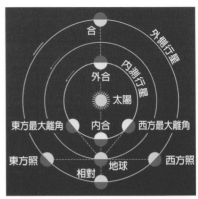

▲行星的現象。觀看行星的方法會因為從地球觀察時的位置關係而有所改變。而且行星是位於地球內側或是外側也會使觀看方法產生差異。當位於上合（外合）或是下合（內合）的情況時，全都是位於太陽的方向，所以是無法看到的。但如果是外側行星的話，當來到太陽正對面的對相時，一整晚都是看得到，也是觀測的好時機。至於內側行星，則是來到東方或西方的最大離角時，因與太陽距離遙遠，所以較容易看到。

火星		木星		土星	
接近地球的月分	星座	衝（對相）的月分	星座	衝（對相）的月分	星座
2010年1月	巨蟹座	2008年7月	人馬座	2008年2月	獅子座
2012年3月	獅子座	2009年8月	摩羯座	2009年3月	獅子座
2014年4月	室女座	2010年9月	雙魚座	2010年3月	室女座
2016年5月	天秤座	2012年12月	白羊座	2011年4月	室女座
2018年7月	摩羯座	2014年1月	雙子座	2012年4月	室女座
2020年10月	雙魚座	2015年2月	巨蟹座	2013年4月	天秤座
2022年12月	金牛座	2016年3月	獅子座	2014年5月	天秤座
2025年1月	巨蟹座	2017年4月	室女座	2015年5月	天秤座
2027年2月	獅子座	2018年5月	天秤座	2016年6月	蛇夫座
2029年3月	室女座	2019年6月	蛇夫座	2017年6月	蛇夫座
2031年5月	天秤座	2020年7月	人馬座	2018年6月	人馬座
2033年7月	人馬座	2021年8月	摩羯座	2019年7月	人馬座
2035年9月	寶瓶座	2022年9月	雙魚座	2020年7月	人馬座
2037年11月	金牛座	2023年11月	白羊座	2021年8月	摩羯座
2039年12月	雙子座				

▲上表為有行星經過的星座，在衝相前後最容易觀察到。

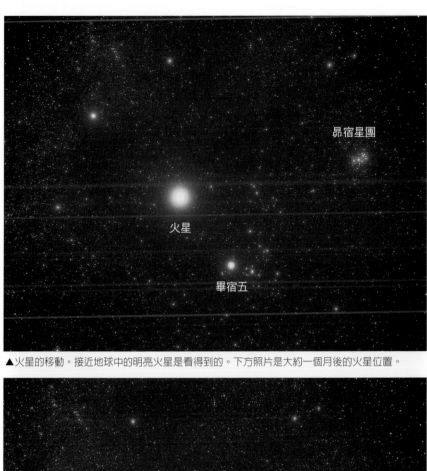

▲火星的移動。接近地球中的明亮火星是看得到的。下方照片是大約一個月後的火星位置。

▲火星的移動。離地球遙遠的紅色火星會往金牛座的昴宿星團附近移動。

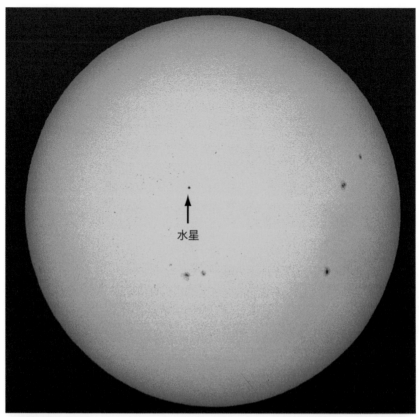

水星

▲水星通過太陽面的「水星凌日」。水星與金星有時也會難得地交疊在太陽上而通過其盤面。

水星／金星
Marcury／Venus

（水星）公轉週期87.97日　自轉週期58.65日　赤道半徑2440公里　無衛星
（金星）公轉週期224.7日　自轉週期243.02日　赤道半徑6052公里　無衛星

在太陽的行星當中，繞著地球內側回轉的是水星與金星。其中繞著最內側回轉的是水星，因為隨時可在太陽附近見到，所以只有在傍晚的西天、或是黎明前的東天低處最大離角（第234頁）的地方看到。另一方面，緊鄰地球內側回轉的金星，雖然和水星一樣都是只在傍晚的西天或是黎明前的東天看到其身影，但因為與太陽距離保持較遠，所以很容易觀察見到。在日本，它還因為光芒燦爛耀眼而被稱為「日暮入夜時分的明星」，或是「黎明拂曉時的明星」。若是使用望遠鏡，兩者看起來都會如同月亮一般出現盈虧的現象，特別是金星的盈虧與外觀大小的變化更是明顯，非常有趣而引人入勝。

▲最大亮度時的金星。用望遠鏡即
可觀察到如新月一般的形狀，此
時的亮度為-4.7等星，白天也可
憑肉眼發現它的蹤跡。

▶黎明拂曉前東天的水星與金星。
隨時可在傍晚的西天低空或是天
亮前的東天低空處見到其蹤影，
但深夜時分的天空卻是無法看
到。

金星

水星

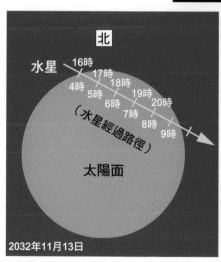

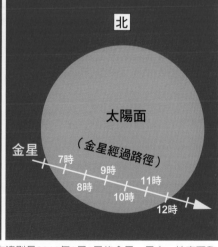

▲水星凌日或金星凌日的預報。左邊為水星、右邊則是2012年6月6日的金星，日本一地亦可欣
賞看到。

▲1996年登陸在火星表面的探測器——火星探路者（Mars PathfinderM,MPF），所傳回來的克里斯平原東部阿雷斯谷地附近的景象。火星似乎曾經有過大量的水分，所以到處都有被洪水流過的岩石。

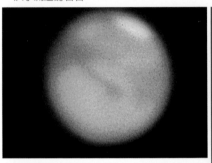

▲用望遠鏡所觀看到的火星。可見到其表面有著暗淡的陰影，而白色部分則是由冰塊與乾冰所形成的南極極冠，而火星大氣當中所含有的大量二氧化碳也是凍成了冰塊。

▶火星的接近年。2003年是大接近，看起來較大。

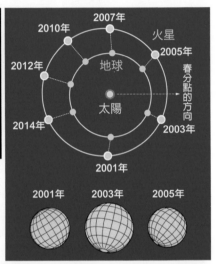

火星

Mars

公轉週期686.98日　自轉週期24.62小時　赤道半徑3397公里　衛星數2個

緊鄰地球外側回轉的火星，是除了大小不到地球的一半之外，其餘都與地球環境極為相似的行星。也是被認為可以移民的行星，所以目前正進行了許多的探索調查，並且持續把探查機器送往當地。這些情報雖然也非常有趣，但望遠鏡所看到的火星外表卻很小，出乎意料外地難以詳細觀察。火星與地球距離很遠時會非常小，所以較容易欣賞到的時間只有在每隔2年2個月出現一次的接近時刻。而且這個接近時刻還有分小接近與大接近，同時外觀大小也有相當大的差別。

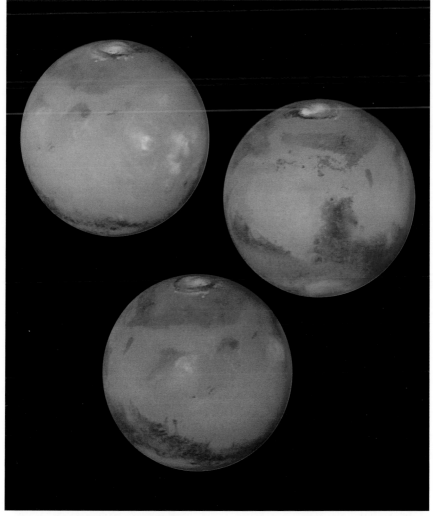

▲哈伯太空望遠鏡所看到的火星自轉景象（左上→右→左下）。上面看起來白白的部分是北極的極冠。

▲木星面。利用小型望遠鏡可以看到兩條粗粗的帶狀圖案,並可觀察到其變化的情況。(上方為南邊)

木星

Jupiter

公轉週期11.862年　自轉週期9.84小時　赤道半徑7萬1492公里　衛星數63個

直徑為地球的十一倍,且為太陽系最大巨型行星就是木星。在日本,因其－2.8等級的驚人光芒,所以被稱為「深夜的明星」,只要使用小型望遠鏡就可以了解其表面的情況了。如果以望遠鏡觀察,還可以發現到其南北呈現著極扁的橢圓形。因這個龐然大物自轉一次不到十個小時,所以會因離心力之故而使赤道部分膨脹出來。另外,在木星表面還可以看到因高速自轉而使雲層成為數道線條的圖案。同時還有著一塊極大斑點被稱為「大紅斑」,當顏色較深時,以小型望遠鏡就可以看到了。木星一共擁有28個衛星,若使用雙筒望遠就可以觀察到其中由伽利略所發現的四顆伽利略衛星。

▲從哈伯太空望遠鏡所看到的木星。右下的橢圓形物體,是由巨大的雲所形成的漩渦——大紅斑。

▶木星的伽利略衛星動向,也是環繞著木星周圍的四大衛星之一,由十六、十七世紀的科學家伽利略所發現,所以被稱為伽利略衛星。其亮度約為五至六等星,所以使用雙筒望遠鏡就能夠看到。它們的移動快速令人眼花撩亂,時而出現在木星左側;時而移往右側,不停地變化著位置。有時還會經過木星表面,或是隱身到木星後面。利用較大口徑望遠鏡觀察的話,還能見到衛星的黑影映照在木星表面上。根據這些衛星的探查機器進行的直接調查現今仍然持續著,更讓我們了解到位於最內側的木衛一埃奧上有著活火山,木衛二歐羅巴星球表面覆蓋著冰塊,底下有海等各種資料,讓人覺得非常有趣而興致高昂。

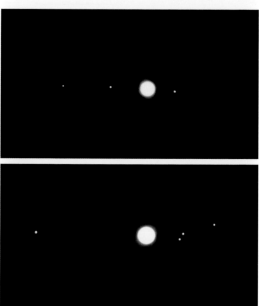

▲哈伯太空望遠鏡所看到有著細環的土星，而且每年都可以看得到土星環的傾斜狀況有所變化。

土星

Saturn

公轉週期29.458年　自轉週期10.23小時　赤道半徑6萬268公里　衛星數31個

擁有美麗細環的土星，是所有天體當中最令人實際感受到宇宙神祕的行星。這個為眾人所熟知的土星環，若以二十倍小型望遠鏡觀察就能夠欣賞到其身影，但如果想要看得更加清楚，還是必須將倍率提升到一百倍左右。另外，我們也會見到土星環每年都呈忽細忽粗，多多少少有點變化，那是因為土星環的傾斜角度正在變化之故，所以隨著位處地球各地的觀賞時間不同，當然外表也會產生差異，而且這些變化也是欣賞土星環時的莫大樂趣之一。這個土星環乍看之下就像是極薄的板子，但其真正面貌是由無數繞著土星回轉的大大小小冰塊碎片所形成的聚集物。

▲土星。最大的特徵就是包圍著土星的巨大環狀物。土星環的幅度大約為五個地球並列那般寬闊。不過，它的厚度卻僅有數十公尺左右，當土星環呈現水平狀態時，就會出現如同右上圖片一樣，好似已經消失而失去蹤影的「環的消失」現象。另外，土星環當中還出現有「卡西尼環縫」（譯註：卡西尼環縫是由科學家卡西尼於1675年所發現的，他還看出卡西尼環縫將肉眼所見的土星環分為外圈與內圈。）的圓條狀縫隙。

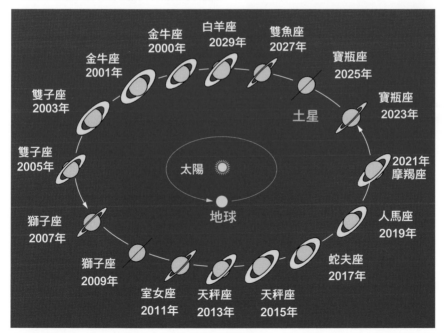

▲土星環的變化。觀察土星環的方法約以30年的週期來變化，且土星環約每十五年就會呈現水平狀態。上圖的星座名是該年能夠看到土星的位置。

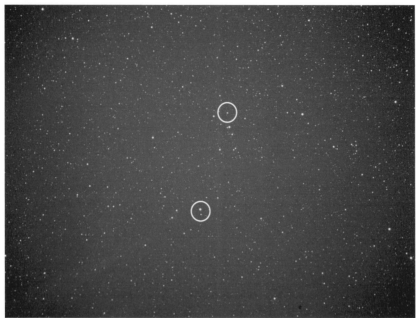

▲天王星與海王星的相會。自古以來人們所知道的僅有水星至土星為止的五個行星，但天王星與海王星分別於西元1781 年及1846年被發現之後，太陽系就一口氣拓展到更遠的地方。上圖是1993年兩個行星自被發現以來，首次接近人馬座而並列在一起的景象。

◀冥王星與冥衛一。身為最遠行星的冥王星，也是太陽系當中最小的行星，不過它還是帶著被稱為冥衛一的衛星。使用小型望遠鏡當然是無法見到其蹤影的。

天王星 / 海王星 / 冥王星
Uranus / Neptune / Pluto

（天王星）	公轉週期84.022年	自轉週期17.9小時	赤道半徑2萬5559公里 衛星數27個
（海王星）	公轉週期164.774年	自轉週期19.2小時	赤道半徑2萬4764公里 衛星數13個
（冥王星）	公轉週期247.796年	自轉週期6.39日	赤道半徑1137公里 衛星數1個

天王星與海王星、冥王星這三個行星是無法以肉眼觀察到的。不過，天王星與海王星分屬六等與八等級星，所以還是可以用雙筒望遠鏡觀察看到。但最遠的冥王星因只有十四等的亮度，所以非常的暗淡，需要口徑高達三十公分以上的望遠鏡才能見到。也因此，看過冥王星的人數算是很少的。另外，天王星與海王星也都有著細細的光環，但因為太過暗淡，所以無法以望遠鏡直接觀賞，這是比較可惜的。

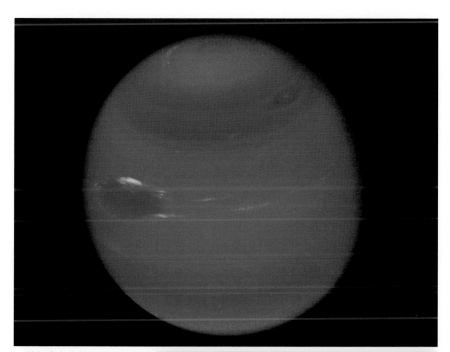

▲航海家太空船的探測器所捕
捉到的海王星。其表面有個
與木星的「大紅斑」相似而
被稱為「大暗斑」的斑點。
海王星因亮度為八等級,所
以使用雙筒望遠鏡與小型望
遠鏡可以輕鬆看到,但因為
影像實在太小,只能看出它
是藍綠色的程度而已。雖然
它也有光環,但同樣無法見
到。

▶哈伯太空望遠鏡所傳回的天
王星與光環。天王星大約為
六等級的星體,所以在夜空
陰暗的地方,也能夠以肉眼
找出蹤影來欣賞。但如果想
要清楚觀察,還是要使用雙
筒望遠鏡才夠。如果是一般
望遠鏡,只要使用高倍率型
號的話,就可以看到藍綠色
的小小圓盤影像。即使它也
有光環,但因為實在太暗
淡,所以利用望遠鏡也是看
不到了。天王星最奇妙的地
方就在於它是橫倒著繞著太
陽回轉,而其光環的傾斜狀
況看起來也與土星環大不相
同。

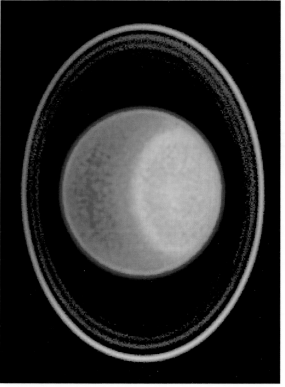

▲獅子座流星雨。難得一見的數萬顆流星傾注而下，所以被稱為「流星雨」。這是每年十一月18～19日出現的獅子座流星群在1833年所形成的大流星雨情況（木版畫）。

◀火流星。一般的流星都是在距離地面上空約一百公里處與大氣摩擦而燃燒發光，然後到了八十公里左右就會消失。其中特別明亮的流星被稱為「火流星」。它們是少數未在大氣中燃燒殆盡的流星，等掉落到地面之後就變成了隕石。

流星
Meteor

瞬間橫劃過夜空飛翔的流星是不知何時何地會出現的，所以若想看到流星，就必須漫無目標地持續守候著星空。一般而言，若是一個小時能看到2～3個流星，就已經是非常幸運了。這種毫無目的隨意飛舞的流星，就被稱為「偶發流星」或是「單顆流星」。不過，在流星當中，也有一些會在每年的特定時間成群出現，這些流星則是被稱為「流星群」。著名的流星群有八月的英仙座流星群與十二月的雙子座流星群，通常一個小時可見到的數目都有三十個以上。

▲掠過獵戶座的流星。一般流星都是在彗星所殘留星塵及砂粒以下的極小物質。

▲百武彗星（1996B2）。此彗星是由發現者百武裕司先生的名字命名而成的新彗星。（）內的數字是彗星既有的編號。

彗星
Comet

在夜空中拖著長長尾巴的彗星，因為沒有人知道會於何時何地出現，所以這類天體也可說是天界的流浪者。不過，使用雙筒望遠鏡與望遠鏡才能觀賞到的彗星事實上一年約會出現數十個左右。而肉眼可見那般大的彗星，其實是幾年間出現一次就很難得的奇景。彗星真正的面貌是有如髒污雪球般的物體，大小約十公里左右，若將其當作天體的話，實在是非常非常的小。那是因為靠近太陽之後便受熱蒸發，才會拖了一條長長的尾巴。雖然明亮的彗星大都是新出現的彗星，但其中也有像哈雷彗星那樣每76年便回來一次的彗星。這樣的彗星就被稱為「周期彗星」。

▲海爾‧波普彗星（199501）。我們可以看到它的尾部分成了藍色的離子氣體尾巴與寬幅的星塵尾巴兩道光芒。

▲人造衛星的飛行。無聲無息而只見光點移動，就是人造衛星的觀賞特徵，如果將相機快門保持開啟狀態來拍攝的話，移動的光束就會變成線條而拍攝下來。

◀由太空梭所發射的哈伯太空望遠鏡。現在大約有五千個人工物體正環繞在地球周圍。它們有著各式各樣的大小與形體，一邊飛行回轉，一邊改變亮度，且明亮程度也是令人頗感驚奇，觀測方法則是隨著人造衛星的不同而有所差異。

人造衛星
Satellite

抬頭仰望夜空，有時可以看到與飛機閃爍燈火不同的光點，而且無聲無息地快速飛行著，那應該就是人造衛星了。它們會一邊變化明亮程度，一邊高速飛行，有時還會消失在地球的陰影當中，並呈現出各式各樣的姿態。因為人造衛星是太陽光線反射才會閃耀發光，所以觀看時就必須要地面黑暗且人造衛星飛行的高空要能照到太陽光線等條件。所以，我們多半都是在日暮入夜或是黎明拂曉前才能看到。其航道會根據人造衛星種類不同而有所差異。

▲一邊變化亮度，一邊飛行的人造衛星。拖曳著尾巴的是奧斯汀（Austin）彗星（1990年），左上則是M31仙女座大銀河。

▲極光。事實上它的外型極富變化，移動及改變也是非常快速。色彩豐富，有著紅、黃、綠等眾多顏色，形體多彩多姿非常美麗。

◀極光的攝影作品。因為極光變動快速，所以必須使用高感度的彩色底片。另外要以三角架來固定相機，並使曝光時間持續達數秒鐘，而鏡頭也必須保持開放狀態，距離則是配合∞。

極光
Aurora

雖然從臺灣並無法觀賞到極光的美麗景象，但是北歐、阿拉斯加、加拿大等地上空是可以見到極光蹤影的。日本也有許多人前往這些地方觀賞極光。變化萬千而搖曳在空中的極光，以肉眼也可以清楚見到，是非常美麗的景象。大家也是可以參加極光觀賞旅行團。而且極光在太陽活動激烈的時候，即使在日本也可以見到北方天空變紅的情況。另外，南半球的紐西蘭與澳大利亞也都可以看到極光出現的美景。

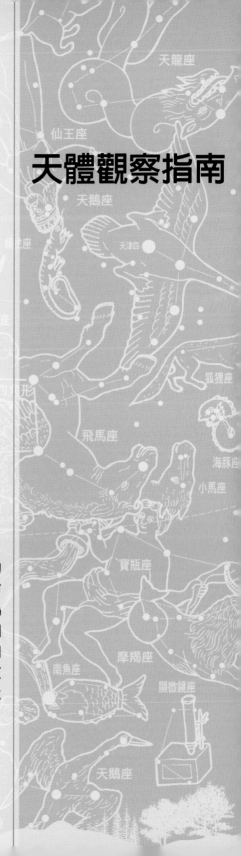

天體觀察指南

本章我們將針對可窺探星星世界的
天體望遠鏡及雙筒望遠鏡的使用方
法及選擇方法加以解說。另外，為
了增加欣賞樂趣，這裡也會介紹相
機所拍攝收集而來的星空照片。如
果讀者們能夠參觀全國各地的天文
臺與星象館，就能夠更輕鬆地接近
星星們的世界。

■天文望遠鏡的種類

　將天體傳來的光線收集而擴大其像觀看的天文望遠鏡，大致可分為三種類型。

　一種是使用物鏡的折射式望遠鏡。操作簡單，且口徑約為6～10公分等級的大多是折射式望遠鏡。第二種是以凹面鏡片收集光線的牛頓式反射望遠鏡。這類型望遠鏡的大口徑型號也能以便宜的價格購入。15公分以上口徑的望遠鏡，大多是牛頓式的反射望遠鏡。第三種則是口徑較大但鏡筒卻較小的施密特・卡賽格林式望遠鏡。

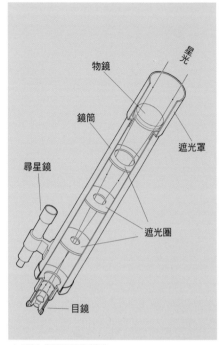

▲折射式望遠鏡的構造。

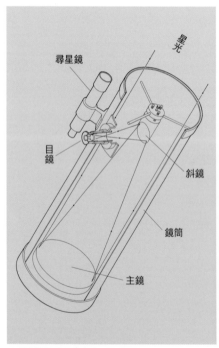

▲反射望遠鏡的構造（牛頓式）。

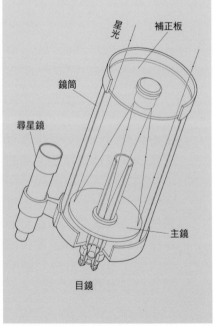

▲施密特・卡賽格林式望遠鏡的構造。

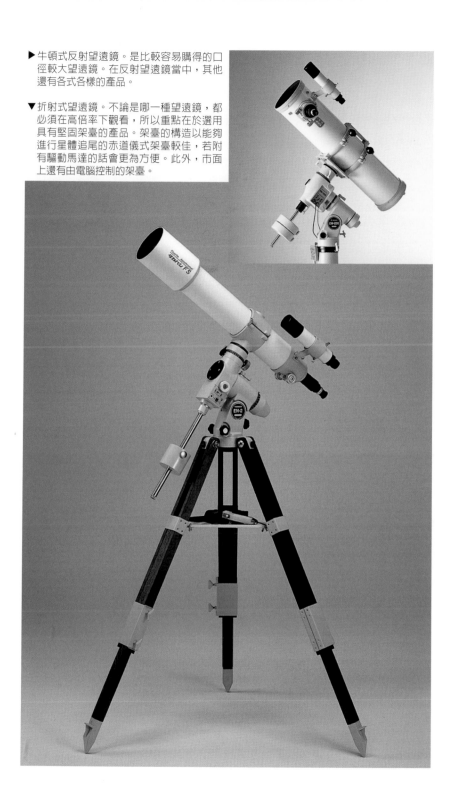

▶牛頓式反射望遠鏡。是比較容易購得的口徑較大望遠鏡。在反射望遠鏡當中，其他還有各式各樣的產品。

▼折射式望遠鏡。不論是哪一種望遠鏡，都必須在高倍率下觀看，所以重點在於選用具有堅固架臺的產品。架臺的構造以能夠進行星體追尾的赤道儀式架臺較佳，若附有驅動馬達的話會更為方便。此外，市面上還有由電腦控制的架臺。

■天文望遠鏡的選擇與使用方法

雖然我們對於天文望遠鏡最在意的莫過於倍率的高低，但如果使用焦距較短的目鏡，還是可以隨意提高倍率，所以不需要太在意倍率的數字。

其實重點還是在於代表物鏡與主鏡大小的「口徑」。因為口徑越大的望遠鏡，其顯示區隔成像細部的「解析度」與收集光線的「集光力」會越強。也就是說，口徑越大的話，則天體的成像會更加鮮明，而且能夠看到更暗的星體。另外，我們也必須注意選用適合口徑的倍率來欣賞天體。

所謂適合口徑的倍率，一般

▲螺栓要確實固定。其他人觀賞時再加以調整即可。

都是以公分表示的口徑數字的10到20倍左右。如果是6公分口徑的望遠鏡，就要把倍率提升到20倍高的倍率，而達到120倍。

因為天文望遠鏡是以非常高的倍率在觀看物體，所以為了能夠在視野內捕捉到天體的蹤

▲手工製的杜素式天體望遠鏡。這是由約翰·杜素所構想出來的簡易構造望遠鏡。大家不妨試著自行製作大口徑望遠鏡，而且操作也非常簡單。只要用心製作，就能完成大口徑的手製天體望遠鏡。

▲約翰·杜素的作品。只要能在家居中心等商店找到可利用的物品，就可以嘗試假日木工來製作這種望遠鏡。不過，凹面鏡與平面鏡、目鏡等零組件，還是必須到望遠鏡公司或是望遠鏡專門店購買。

影，就必須善加調整尋星鏡。以白天的風景來說，就要先選擇容易成為目標的地上物體，再讓尋星鏡十字交叉處看到的物體進入望遠鏡本體的視野當中，之後加以調整即可。另外，現在也增加了許多以電腦控制而自動將天體導入視野內的自動導入架臺，使用起來非常方便。

雖然想要觀看視野內的天體必須適當調整螺栓，但因為每個人使用狀況多少有些差異，所以其他人要觀賞時，只要依隨每個人狀況再行調整即可。

至於天體像的觀看方法也會因大氣的透明度及氣流的擾亂程度而有所影響。都市地區因為夜空明亮，所以不容易看到暗淡的星雲。當亂流程度變大而使影像搖晃加劇時，也會造成無法仔細觀察月球或行星的表面。而這種觀賞的情況就稱

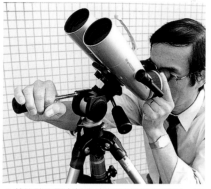

▲若能確實固定望遠鏡而使視野不會搖晃，使用雙筒望遠鏡也可以清楚觀察星星。

為「視相（seeing）」。當視相良好時，常常可以看到令人驚奇不已的鮮明影像。

此外，如果讀者可以取得反射望遠鏡的凹面鏡等等天體望遠鏡的光學零件，也可以自己輕鬆製作出杜素式的自製望遠鏡。

■雙筒望遠鏡的觀看方法

在能夠輕鬆使用以享受觀星樂趣這部分，雙筒望遠鏡的確極占優勢。但只用手拿著卻容易使視野搖晃難以觀察，所以要注意以兩手確實拿好，或是利用三角架來加以固定，甚至是坐在椅子上觀賞也可以。

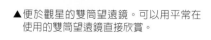

▲便於觀星的雙筒望遠鏡。可以用平常在使用的雙筒望遠鏡直接欣賞。

■星座照片的拍攝方法

拍攝星座的時候，以平常使用的相機及底片來進行拍攝即可。不過，因為星光非常微弱，所以必須要有較長的曝光時間。也因為這樣，最好還是要事先準備好能夠確實固定相機的三角架，以及能保持快門打開但不會引發相機震動的快門線，如此就能夠使拍攝的工作更為方便。

首先，將鏡頭焦距刻度調整到∞（無限大），再把光圈打開或是設定為減小一格的明亮程度。然後快速地按下B快門而持續曝光一段時間。如果長時間曝光，就可以拍到星星拖

▲固定相機後，使其曝光達幾十秒鐘。

曳著光線，若是30～60秒左右的短時間曝光，星星幾乎沒有延伸的狀態，就能夠拍出可輕辨認出星座的照片。如此一來，就能夠將銀河、彗星、流星、人造衛星、極光等天文現象拍出美麗的作品了。

▲相機的快門在打開狀態下所拍攝到的東升的獵戶座。並拍攝到星星拖曳著光線。

▲曝光一分鐘所拍攝到的夏天銀河。因為星星沒有延伸得很長，所以星座的形狀是很容易辨認的。

■公開的天文臺

最近各地都有開放給市民的天文臺，不僅是天文特別行事的日子，就連平常也開始可以享受觀測天文的樂趣了。

如果可以使用這些設施，即使讀者沒有望遠鏡，仍然能夠欣賞月球的地照，或是土星環等等。加上天文臺的望遠鏡口徑都比較大，所以比起個人使用的小型望遠鏡，還能夠看得更為明確清楚。而且，臺裡還有專業的解說員解說。

至於夜間是否開放，則須以電話或是網路加以確認。

▲群馬縣立天文臺的口徑1.5公尺反射望遠鏡。

▲群馬縣立天文臺的館區內立有史前巨石等等身大的模型，是樂趣滿載的天文臺公園。

■星象館

星象館是在圓形屋頂上再現星空模樣的設施，最近有些地方還規劃為劇場類型，而戲劇的放映內容更是隨之變多。

除了每天固定的時間開始投影外，如果遇上某些天文的大現象時，館方也會製作特別節目。另外，除了天文展示外，還會有天文相關的書籍及物品銷售，大家也可以享受採購的樂趣。

放映中途多半無法進出場內外，所以讀者們出門前務必確

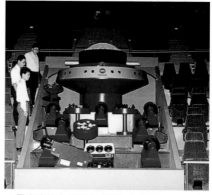

▲日立市的市民中心（Minolta製）。

認過放映時刻。除了固定的休館日外，也會因進行星象儀本身的維修而臨時休館，所以這部分也請大家必須事先確認。

▲仙臺市兒童宇宙館的星象儀。（五藤光學製）。

■天文教育資訊

主要的公開天文臺一覽

所在地	名稱	電話	望遠鏡
北海道	札幌市青少年科學館	011-892-5001	60反射
群馬	群馬縣立天文臺	0279-70-5300	150反射
東京	國立科學博物館	03-3822-0111	60反射
東京	國立天文臺	0422-34-3688	50反射
愛知	名古屋市科學館	052-201-4486	65反射
京都	京都市青少年科學中心	075-642-1601	25折射
長崎	長崎市科學館	095-842-0505	0反射
臺北	臺北市立天文科學教育館	02-2831-4551	45折射與20反射
臺中	國立自然科學博物館	04-23226940	
臺南	南瀛天文教育園區	06-5761076	
臺南	成功大學天文臺		
屏東	臺灣大學墾丁天文臺 （國立海洋生物博物館）	08-8825800	
屏東	星星村天文臺		

▲公開天文臺的舉例，其餘還有許多地點。但因許多天文臺亦合併有星象儀，所以可事先詢問。

主要的公開星象館一覽

所在地	名稱	電話	天象儀
東京	葛飾區鄉土與天文博物館	03-3838-1101	M18
神奈川	相模市立博物館	0427-50-8030	G23
埼玉	大宮市宇宙劇場	048-647-0011	M23
大阪	大阪市立科學館	06-6444-5656	M26.5
廣島	廣島市兒童文化科學館	082-222-5346	M20
鹿兒島	鹿兒島市立科學館	099-250-8511	G23

▲這是實施一般投影的星象館舉例。因有許多星象館與天文館會合併設施，所以請事先詢問，圓頂直徑前的記號為製造公司名稱，G為五藤光學（GOTO），M為Minolta。

網際網路

　　從哈伯太空望遠鏡所得到的最新影像、昴望遠鏡得到的成果等等，只要在家中就可以從網際網路上得到這些宇宙中的各式各樣資訊，還可以輕鬆地觀看欣賞。

　　另外，從各地開放的天文臺與星象館的網頁上，也可以了解開放日與行事等等介紹，甚至還能獲得彗星與流星群動向等最新消息。

　　使用網際網路的星星世界，其樂趣當然會更加寬廣。有興趣的讀者不妨嘗試看看。

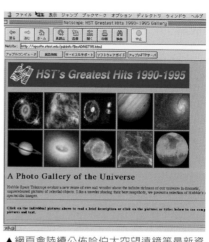

▲網頁會陸續公佈哈伯太空望遠鏡等最新資訊。

主要的天文相關網站列表

設施	網址
日本國立天文臺（一般天文）	http://www.nao.ac.jp/
日本國立天文館「昴」望遠鏡	http://subarutelescope.org/j_index.html
宇宙情報中心（宇宙開發事業團）	http://spaceinfo.jaxa.jp/
昨日的太陽（太陽觀測衛星）	http://www.isas.jaxa.jp/home/solar/yohkoh/yest.html
アストロアーツ（天文現象）	http://www.astroarts.co.jp/
國際氣象海洋株式會社（卓越天氣、降水量、降水率）	http://www.imocwx.com/index.htm
HUBBLE SITE（哈伯太空望遠鏡的最新影像）	http://hubblesite.org/newscenter/
today@nasa.gov（NASA最新資訊）	http://www.nasa.gov/news/index.html
Nasa Jet Propulsion Laboratory（行星探測等等）	http://www.jpl.nasa.gov/index.cfm
SKY&TELESCOPE（美國的天文雜誌）	http://www.skyandtelescope.com/
歐洲太空組織	http://www.esa.int/esaCP/index.html
臺灣中央氣象局	http://www.cwb.gov.tw/
臺北市立天文科學教育館	http://www.tam.gov.tw/
成大物理系天文學實驗室	http://www.phys.ncku.edu.tw/~astrolab/
TAS臺灣天文網	http://www.tas.idv.tw/

■全天星座列表（Ｉ）

星座名稱	概略位置		20時	特徵
	赤經	赤緯	南中天	
	時 分	度	月 日	
仙女座	00 40	＋38	11 27	大星雲M31
麒麟座	07 00	－03	03 03	位在東天的大三角當中
人馬座	19 00	－25	09 02	銀河系的中心方向、南斗六星
海豚座	20 35	＋12	09 26	小小的菱形
印地安座	21 20	－58	10 07	只看得到一部分
雙魚座	00 20	＋10	11 22	北與西邊的魚
天兔座	05 25	－20	02 06	在獵戶座之下（南）
牧夫座	14 35	＋30	06 26	一等星大角星
長蛇座	10 30	－20	04 25	全天當中東西距離最長
波江座	03 50	－30	01 14	鹿兒島以南可見到全景
金牛座	04 30	＋18	01 24	昂宿星團與畢宿星團
大犬座	06 40	－24	02 26	全天最亮的星星──天狼星
豺狼座	15 00	－40	07 03	位在南方低空
大熊座	11 00	＋58	05 03	北斗七星
室女座	13 20	－02	06 07	白色的角宿一
白羊座	02 30	＋20	12 25	「乀」的字形
獵戶座	05 20	＋03	02 05	三顆星與M42大星雲
繪架座	05 30	－52	02 08	只看到一部分
仙后座	01 00	＋60	12 02	W字形
劍魚座	05 00	－60	01 31	只看到一部分
巨蟹座	08 30	＋20	03 26	鬼宿星團
后髮座	12 40	＋23	05 28	疏散星團
蜻蜓座	10 40	－78	04 28	無法見到
烏鴉座	12 20	－18	05 23	歪斜的小四邊形
北冕座	15 40	＋30	07 13	小半圓形的七顆星
杜鵑座	23 45	－68	11 13	只看到一部分
御夫座	06 00	＋42	02 15	一等星五車二與五角形
鹿豹座	05 40	＋70	02 10	離北極星很近
孔雀座	09 10	－65	09 05	只看到一部分
鯨魚座	01 45	－12	12 13	變光星芻藁增二
仙王座	22 00	＋70	10 17	五角形
半人馬座	13 20	－47	06 07	南方地平線只見到上半身
顯微鏡座	20 50	－37	09 30	靠近南方低空
小犬座	07 30	＋06	03 11	南河三
小馬座	21 10	＋06	10 05	飛馬的鼻尖
狐狸座	20 10	＋25	09 20	天鵝座的十字下方
小熊座	15 40	＋78	07 13	北極星
小獅座	10 20	＋33	04 22	獅子的大鐮刀上方（北）
巨爵座	11 20	－15	05 08	烏鴉座四邊形的右邊（西）
天琴座	18 45	＋36	08 29	七夕的織女星
圓規座	14 50	－63	06 30	只看到一部分
天壇座	17 10	－55	08 05	天蠍座的下方（南）
天蠍座	16 20	－26	07 23	心宿二與S字弧線

星座名稱	概略位置				20時		特徵
	赤經		赤緯		南中天		
	時	分	度		月	日	
三角座	02	00	+32		12	17	仙女座的下方（南）
獅子座	10	30	+15		04	25	獅子的大鐮刀與軒轅十四
矩尺座	16	00	−50		07	08	只看到一部分
盾牌座	18	30	−10		08	25	人馬座的上方（北）的銀河
雕具座	04	50	−38		01	29	只看到一部分
玉夫座	00	30	−35		11	25	鯨魚座的下方（南）
天鶴座	22	20	−47		10	22	地平線的上兩顆星
山案座	05	40	−77		02	10	無法見到
天秤座	05	10	−14		07	06	「く」字反轉的形狀
蝎虎座	22	25	+43		10	24	飛馬的腳下
時鐘座	03	20	−52		01	06	只看到一部分
飛魚座	07	40	−69		03	13	只看到一部分
船尾座	07	40	−32		03	13	亞爾古船的一部分
蒼蠅座	12	30	−70		05	26	只看到一部分
天鵝座	20	30	+43		09	25	北邊的大十字與一等星天津四
南極座	21	00	−87		10	02	無法見到、天南極
天鴿座	05	40	−34		02	10	天兔座的下方（南）
天燕座	16	00	−76		07	18	無法見到
雙子座	07	00	+22		03	03	北河二、北河三兩顆兄弟星
飛馬座	22	30	+17		10	25	大四邊形
巨蛇座	15	35	+08		07	12	頭與尾部分據東西
	18	00	−05		08	17	
蛇夫座	17	10	−04		08	05	巨大的日本象棋棋子形狀
武仙座	17	10	+27		08	05	H形與大球狀星團M13
英仙座	03	20	+42		01	06	人字形與變光星大陵五
船帆座	09	30	−45		04	10	亞爾古船的一部分
望遠鏡座	19	00	−52		09	02	人馬座的下方（南）
鳳凰座	01	00	−48		12	02	秋天南方的地平線上
唧筒座	10	00	−35		04	17	長蛇座的下方（南）
寶瓶座	22	20	−13		10	22	Y字形的星列
水蛇座	02	40	−72		12	27	可見到一部分
南十字座	12	20	−60		05	23	可見到一部分
南魚座	22	00	−32		10	17	一等星北落師門
南冕座	18	30	−41		08	25	人馬座下方（南）與小半圓形
南三角座	15	40	−65		07	13	只看到一部分
天箭座	19	40	+18		09	12	天鵝座的嘴喙區域
摩羯座	20	50	−20		09	30	倒三角形
天貓座	07	50	+45		03	16	大熊座的旁邊
羅盤座	08	50	−28		03	31	亞爾古船的一部分
天龍座	17	00	+60		08	02	大小杓柄之間
船底座	08	40	−62		03	28	南極老人星與亞爾古船的一部分
獵犬座	13	00	+40		06	02	常陳一
網罟座	03	50	−63		01	14	只看到一部分
天爐座	02	25	−33		12	23	波江座的右邊（西）
六分儀座	10	10	−01		04	20	獅子座下方（南）
天鷹座	19	30	+02		09	10	牛郎星

■全天星座列表（II）

現在全天已被定為88個星座。在這當中，臺灣完全無法見到或難以見到的星座只有南天的六個星座。其餘可見到。

星座名稱	簡稱	學名	星座名稱	簡稱	學名
仙女座	And	Andromeda	獅子座	Leo	Leo
麒麟座	Mon	Monoceros	矩尺座	Nor	Norma
人馬座	Sgr	Sagittarius	盾牌座	Sct	Scutum
海豚座	Del	Delphinus	雕具座	Cae	Caelum
印地安座	Ind	Indus	玉夫座	Scl	Sculptor
雙魚座	Psc	Pisces	天鶴座	Gru	Grus
天兔座	Lep	Lepus	山案座	Men	Mensa
牧夫座	Boo	Bootes	天秤座	Lib	Libra
長蛇座	Hya	Hydra	蝎虎座	Lac	Lacerta
波江座	Eri	Eridanus	時鐘座	Hor	Horologium
金牛座	Tau	Taurus	飛魚座	Vol	Volans
大犬座	CMa	Canis Major	船尾座	Pup	Puppis
豺狼座	Lup	Lupus	蒼蠅座	Mus	Musca
大熊座	UMa	Ursa Major	天鵝座	Cyg	Cygnus
室女座	Vir	Virgo	南極座	Oct	Octans
白羊座	Ari	Aries	天鴿座	Col	Columba
獵戶座	Ori	Orion	天燕座	Aps	Apus
繪架座	Pic	Pictor	雙子座	Gem	Gemini
仙后座	Cas	Cassiopeia	飛馬座	Peg	Pegasus
劍魚座	Dor	Dorado	巨蛇座	Ser	Serpens
巨蟹座	Cnc	Cancer	蛇夫座	Oph	Ophiuchus
后髮座	Com	Coma Berenices	武仙座	Her	Hercules
堰蜓座	Cha	Chamaeleon	英仙座	Per	Perseus
烏鴉座	Crv	Corvus	船帆座	Vel	Vela
北冕座	CrB	Corona Borealis	望遠鏡座	Tel	Telescopium
杜鵑座	Tuc	Tucana	鳳凰座	Phe	Phoenix
御夫座	Aur	Auriga	唧筒座	Ant	Antlia
鹿豹座	Cam	Camelopardalis	寶瓶座	Aqr	Aquarius
孔雀座	Pav	Pavo	水蛇座	Hyi	Hydrus
鯨魚座	Cet	Cetus	南十字座	Cru	Crux
仙王座	Cep	Cepheus	南魚座	PsA	Piscis Austrinus
半人馬座	Cen	Centaurus	南冕座	CrA	Corona Australis
顯微鏡座	Mic	Microscopium	南三角座	TrA	Triangulum Australe
小犬座	CMi	Canis Minor	天箭座	Sge	Sagitta
小馬座	Equ	Equuleus	摩羯座	Cap	Capricornus
狐狸座	Vul	Vulpecula	天貓座	Lyn	Lynx
小熊座	UMi	Ursa Minor	羅盤座	Pyx	Pyxis
小獅座	LMi	Leo Minor	天龍座	Dra	Draco
巨爵座	Crt	Crater	船底座	Car	Carina
天琴座	Lyr	Lyra	獵犬座	CVn	Canes Venatici
圓規座	Cir	Circinus	網罟座	Ret	Reticulum
天壇座	Ara	Ara	天爐座	For	Fornax
天蝎座	Sco	Scorpius	六分儀座	Sex	Sextans
三角座	Tri	Triangulum	天鷹座	Aql	Aquila

■主要天體列表

天體的名稱都是以專用名字來稱呼，但也有許多是以記號或數字來表達的。特別是星雲、星團這類的星體，一般都是以列表的略稱和數字來加註稱呼。例如，獵戶座的大星雲就是以M42或NGC1976來稱呼。

M（Messier）編號是由十八世紀的法國彗星觀測家查爾斯·梅西爾所設定的，這個編號同時也是彗星與紛亂的星雲狀天體的編列號碼。M是由梅西爾名字的第一個字母而來，因為梅西爾是以小型望遠鏡進

▲查爾斯·梅西爾（1730～1817）

行觀測，所以加上M字母的星雲與星團多半是明亮而容易觀察看到的天體。另一方面，NGC編號則是取自德雷耶爾（John Louis Emil Dreyer，1852～1926）制定的New General Catalogue的第一個字母編定而成的號碼。

梅西爾天體

梅西爾編號	NGC編號	性質形狀	星座	赤經		赤緯		亮度	視直徑	備註
				時	分	度	分	等		
1	1952	瀰漫	金牛座	5	34.5	+22	01	8.6	6'×4'	蟹狀星雲
2	7089	球狀	寶瓶座	21	33.5	−00	49	6.9	12'	
3	5272	球狀	獵犬座	13	42.2	+28	23	6.9	19'	
4	6121	球狀	天蠍座	16	23.6	−26	31	7.1	23'	
5	5904	球狀	巨蛇座	15	18.5	+02	05	6.7	20'	
6	6405	疏散	天蠍座	17	40.0	−32	12	5.3	25'	星數50
7	6475	疏散	天蠍座	17	54.0	−34	49	4.1	60'	星數50
8	6523	瀰漫	人馬座	18	3.7	−24	23	—	60'×35'	干潟星雲礁湖星雲
9	6333	球狀	蛇夫座	7	19.2	−18	31	7.4	3'	
10	6254	球狀	蛇夫座	16	57.2	−04	06	7.3	12'	
11	6705	疏散	盾牌座	18	51.1	−06	16	6.3	12'	星數80
12	6218	球狀	蛇夫座	16	47.2	−01	57	7.6	12'	
13	6205	球狀	武仙座	16	41.7	+36	28	6.4	23'	
14	6402	球狀	蛇夫座	17	37.6	−03	15	9.0	7'	
15	7078	球狀	飛馬座	12	30.0	+12	10	7.0	12'	
16	6611	疏散	巨蛇座	18	18.9	−13	47	6.4	35'×28'	
17	6618	瀰漫	人馬座	18	20.8	−16	10	—	46'×37'	ω星團
18	6613	疏散	人馬座	18	19.9	−17	08	7.5	22'	星數12

梅西爾編號	NGC編號	性質形狀	星座	赤經		赤緯		亮度	視直徑	備註
				時 分		度 分		等		
19	6273	球狀	蛇夫座	17	2.60	−26	16	6.8	4'	
20	6514	彌漫	人馬座	18	2.40	−23	02	─	29'×27'	三裂星雲
21	6531	疏散	人馬座	18	4.70	−22	30	6.5	12'	星數40
22	6656	球狀	人馬座	18	36.4	−23	54	6.3	18'	
23	6494	疏散	人馬座	17	56.9	−19	01	6.9	25'	星數120
24	6603	疏散	人馬座	18	18.4	−18	25	4.6	4'	星數50
25	IC4725	疏散	人馬座	18	31.7	−19	14	6.5	40'	星數50
26	6694	疏散	人馬座	18	45.2	−09	24	9.3	9'	星數20
27	6853	行星狀	狐狸座	19	59.6	+22	43	7.6	8'×4'	啞鈴狀星雲
28	6626	球狀	人馬座	18	24.6	−24	52	6.8	5'	
29	6913	疏散	天鵝座	20	24.0	+38	31	7.1	12'	星數20
30	7099	球狀	摩羯座	21	40.4	−23	11	6.4	6'	
31	224	星系	仙女座	0	42.7	+41	16	4.4	180'×63'	大星雲
32	221	星系	仙女座	0	42.7	+40	52	9.2	8'×6'	M31伴星
33	598	星系	三角座	1	33.8	+30	39	6.3	62'×39'	
34	1039	疏散	英仙座	2	42.0	+42	47	5.5	30'	星數60
35	2168	疏散	雙子座	6	8.8	+24	20	5.3	40'	星數120
36	1960	疏散	御夫座	5	36.3	+34	8	6.3	17'	星數50
37	2099	疏散	御夫座	5	53.0	+32	33	6.2	25'	星數200
38	1912	疏散	御夫座	5	28.7	+35	50	7.4	18'	星數100
39	7092	疏散	天鵝座	21	32.3	+48	26	5.2	30'	星數20
40	─	─	大熊座	12	22.2	+58	5	─		?
41	2287	疏散	大犬座	6	47.0	−20	46	5.0	30'	星數50
42	1976	彌漫	獵戶座	5	35.3	− 5	23	─	66'×60'	大星雲
43	1982	彌漫	獵戶座	5	35.5	− 5	16	─	20'×15'	
44	2632	疏散	巨蟹座	8	40.0	+20	00	3.7	90'	鬼宿星團
45	Mel.22	疏散	金牛座	3	47.5	+24	7	1.4	120'×120'	昴宿星團
46	2437	疏散	船尾座	7	41.8	−14	49	6.0	24'	星數150
47	2422	疏散	船尾座	7	36.6	−14	29	4.5	25'	星數50
48	2548	疏散	長蛇座	8	13.8	− 5	48	5.3	30'	星數80
49	4472	星系	室女座	12	29.8	+ 8	0	9.3	9'×7'	
50	2323	疏散	麒麟座	7	3.0	− 8	21	6.9	16'	星數100
51	5194	星系	獵犬座	13	29.9	+47	12	9.0	11'×8'	帶子星系
52	7654	疏散	仙后座	23	24.2	+61	36	7.3	12'	星數120
53	5024	球狀	后髮座	13	12.9	+18	10	8.3	14'	
54	6715	球狀	人馬座	18	55.1	−30	28	7.1	2'	
55	6809	球狀	人馬座	19	40.0	−30	57	4.4	10'	
56	6779	球狀	天琴座	19	16.6	+30	11	9.1	5'	
57	6720	行星狀	天琴座	18	53.6	+33	2	9.3	1.4'×1.0'	環狀星雲
58	4579	星系	室女座	12	37.7	+11	49	9.2	5'×4'	
59	4621	星系	室女座	12	42.0	+11	39	9.6	3'×2'	
60	4649	星系	室女座	12	43.7	+11	33	9.8	7'×6'	
61	4303	星系	室女座	12	21.9	+ 4	28	10.0	7'×2'	
62	6266	球狀	蛇夫座	17	1.2	−30	7	7.8	6'	
63	5055	星系	獵犬座	13	15.8	+42	2	9.3	12'×8'	
64	4826	星系	后髮座	12	56.7	+21	41	9.4	9'×5'	

梅西爾編號	NGC編號	性質形狀	星座	赤經		赤緯		亮度	視直徑	備註
				時	分	度	分	等		
65	3623	星系	獅子座	11	18.9	+13	06	9.9	8'×2'	
66	3627	星系	獅子座	11	20.3	+13	00	9.7	9'×4'	
67	2682	疏散	巨蟹座	8	51.3	+11	48	6.9	17'	星數80
68	4590	球狀	長蛇座	12	39.5	−26	45	8.7	10'	
69	6637	球狀	人馬座	18	31.4	−32	21	7.5	3'	
70	6681	球狀	人馬座	18	43.2	−32	17	7.5	3'	
71	6838	球狀	天箭座	19	53.7	+18	47	7.9	6'	
72	6981	球狀	寶瓶座	20	53.5	−12	32	8.6	2'	
73	6994	疏散	寶瓶座	20	59.0	−12	38	9.0	3'	
74	628	星系	雙魚座	1	36.7	+15	47	9.8	10'×10'	
75	6864	球狀	人馬座	20	6.10	−21	55	8.6	2'	
76	650	行星狀	英仙座	1	42.2	+51	34	12.2	2.6'×1.5'	
77	1068	星系	鯨魚座	2	42.7	− 0	01	9.5	7'×6'	
78	2068	散光	獵戶座	5	46.7	+ 0	04	—	8'×6'	
79	1904	球狀	天兔座	5	24.2	−24	31	8.1	4'	
80	6093	球狀	天蠍座	16	17.0	−22	59	6.8	4'	
81	3031	星系	大熊座	9	55.8	+69	04	7.8	26'×14'	
82	3034	星系	大熊座	9	56.2	+69	42	9.3	11'×5'	
83	5236	星系	長蛇座	13	37.7	−29	52	8.2	11'×10'	
84	4374	星系	室女座	12	25.1	+12	53	10.3	5'×5'	
85	4382	星系	后髮座	12	25.4	+18	11	9.9	7'×4'	
86	4406	星系	室女座	12	26.2	+12	57	9.9	8'×7'	
87	4486	星系	室女座	12	30.8	+12	23	9.6	7'×7'	
88	4501	星系	后髮座	12	32.0	+14	25	10.3	8'×4'	
89	4552	星系	室女座	12	35.7	+12	33	9.5	2'×2'	
90	4569	星系	室女座	12	36.8	+13	10	10.0	8'×2'	
91	4571	星系	后髮座	12	35.4	+14	12	11.6	3'×2'	一說為4548
92	6341	球狀	武仙座	17	17.1	+43	08	6.9	12'	
93	2447	疏散	船尾座	7	44.6	−23	53	6.0	25'	星數60
94	4736	星系	獵犬座	12	50.9	+41	07	8.9	11'×9'	
95	3351	星系	獅子座	10	44.0	+11	42	10.4	6'×6'	
96	3368	星系	獅子座	10	46.8	+11	49	9.9	7'×4'	
97	3587	行星狀	大熊座	11	14.9	+55	01	12.0	3.4'×3.3'	貓頭鷹星雲
98	4192	星系	后髮座	12	13.8	+14	54	10.5	10'×3'	
99	4254	星系	后髮座	12	18.8	+14	25	10.2	5'×5'	
100	4321	星系	后髮座	12	22.9	+15	49	9.9	7'×6'	
101	5457	星系	大熊座	14	3.20	+54	21	8.2	27'×26'	
102	5866	星系	天龍座	15	6.50	+55	45	10.0	5'×2'	M101？
103	581	疏散	仙后座	1	33.1	+60	42	7.4	7'	星數30
104	4594	星系	室女座	12	40.0	−11	37	9.3	9'×4'	墨西哥帽星系
105	3379	星系	獅子座	10	47.9	+12	35	9.2	2'×2'	
106	4258	星系	獵犬座	12	19.0	+47	18	9.0	18'×8'	
107	6171	球狀	蛇夫座	16	32.5	−13	03	8.9	3'	
108	3556	星系	大熊座	11	11.6	+55	40	10.4	8'×2'	
109	3992	星系	大熊座	11	57.7	+53	22	10.5	7'×5'	
110	205	星系	仙女座	0	40.3	+41	41	8.9	17'×10'	M31伴星雲

行星狀星雲

天體號碼	星座	赤經		赤緯		視直徑	照片等級	備註
		時	分	度	分		等	
NGC246	鯨魚座	0	47.1	−11	53	4'	8.5	
NGC2392	雙子座	7	29.2	+20	55	47"×43"	8.3	愛斯基摩星雲
NGC2438	船尾座	7	41.8	−14	44	68"	10.1	
NGC3242	長蛇座	10	24.8	−18	38	40"×35"	9	木星狀星雲
NGC6543	天龍座	17	58.6	+66	38	23"×19"	8.8	
NGC7009	寶瓶座	21	4.1	−11	22	44"×26"	8.4	土星狀星雲
NGC7293	寶瓶座	22	29.7	−20	51	15'	6.5	螺旋星雲

球狀星雲

天體號碼	星座	赤經		赤緯		視直徑	照片等級	備註
		時	分	度	分		等	
NGC104	杜鵑座	0	24.1	−72	04	23.0'	4.4	47 Tuc
NGC288	玉夫座	0	52.8	−26	35	13.8'	7.2	
NGC1851	天鴿座	5	14.0	−40	02	5.3'	8.1	
NGC5053	后髮座	13	16.3	+17	41	3.5'	10.5	
NGC5139	半人馬座	13	26.8	−47	29	23.0'	4.8	ωCen
NGC6397	天壇座	17	40.9	−53	41	19.0'	6.9	
NGC6541	南冕座	18	8.0	−43	44	6.3'	5.8	47Tuc

疏散星團

天體號碼	星座	赤經		赤緯		視直徑	亮度	星數	備註
		時	分	度	分		等	個	
NGC752	仙女座	1	57.7	+37	40	45'	7	60	
NGC869	英仙座	2	19.0	+57	9	30'	4.4	300	h Per（雙重星團）
NGC884	英仙座	2	22.4	+57	7	30'	4.7	240	χ Per（雙重星團）
NGC1245	英仙座	3	14.7	+47	14	7'	6.9	40	
Mel.20	英仙座	3	24.	+49		240'	1.2	80	α Per（雙重星團）
NGC1342	英仙座	3	31.6	+37	20	14'	6.7	40	
NGC1528	英仙座	4	15.2	+51	14	22'	6.2	80	
Mel.25	金牛座	4	19.5	+15	38	400'	0.8	100	畢宿星團
NGC2158	雙子座	6	7.5	+24	6	5'	8.6	40	
NGC2264	麒麟座	6	41.2	+ 9	53	30'	4.7	60	S Mon
NGC2324	麒麟座	7	3.0	+ 1	4	8'	8.8	30	
NGC2451	船尾座	7	45.4	−37	58	45'	2.8	40	
NGC2477	船尾座	7	52.3	−38	33	25'	5.8	160	
IC2391	船帆座	8	40.2	−53	4	45'	2.6	15	
IC2602	船底座	10	42.8	−64	24	65'	1.6	25	θ Car
NGC3532	船底座	11	5.5	−58	40	55'	3.3	130	
Mel.111	后髮座	12	25.1	+26	7	300'	2.7	40	后髮座
NGC4755	南十字座	12	53.6	−60	21	12'	5.2	30	寶石箱
NGC6124	天蝎座	16	25.6	−40	40	29'	5.8	100	
IC4665	蛇夫座	17	46.3	+ 5	43	41'	4.2	30	
NGC6940	狐狸座	20	34.6	+28	18	31'	6.3	60	
NGC7789	仙后座	23	57.0	+56	44	16'	6.7	300	

瀰漫星雲

天體號碼	星座	赤經		赤緯		視直徑	備註
		時	分	度	分		
NGC281	仙后座	0	53.3	+56	35	12'	
IC1795	仙后座	2	24.8	+61	54	20'	
IC1805	仙后座	2	32.0	+61	28	50'	
IC1848	仙后座	2	51.3	+60	25	50'	
NGC1499	英仙座	40	3.4	+36	25	145'×40'	加利福尼亞星雲
IC405	御夫座	5	16	+34	19	30'×19'	AE星付近
IC434	獵戶座	5	41.1	− 2	25	30'	馬頭星雲付近
NGC2024	獵戶座	5	42	− 1	51	30'	ζ 星附近
NGC2174～75	獵戶座	6	9.7	+20	30	15'	
IC443	雙子座	6	16.9	+22	47	50'×40'	超新星殘骸
NGC2237～38～44～46	麒麟座	6	32.3	+ 4	38	60'	薔薇星雲
NGC2261	麒麟座	6	39.1	+ 8	43	0.5'	哈伯變光星雲
NGC2264	麒麟座	6	41.0	+ 9	54	60'	
IC2177	麒麟座	7	5	−10	34	85'×25'	海鷗星雲
NGC3372	船底座	10	45.0	−59	41	85'×80'	η Car周圍
IC4603	蛇夫座	16	25.3	−23	27	145'×70'	ρ Oph附近
IC1318	天鵝座	20	17.0	+40	48	24'×17'	γ 星附近
NGC6960～92～95	天鵝座	20	45.7	+30	43	70'×6'	網狀星雲（超新星殘骸）
IC5067～68～70	天鵝座	20	48.7	+44	32	85'×75'	鵜鶘星雲
NGC7000	天鵝座	20	58.8	+44	20	120'×100'	北美星雲
IC1396	仙王座	21	39.	+57	38	165'×135'	

星系

天體號碼	星座	赤經		赤緯		視直徑	等級	備註
		時	分	度	分		等	
NGC55	玉夫座	0	15.0	+39	13	32'× 6'	7.9	
NGC185	仙后座	0	38.9	+48	20	11'×10'	10.1	
NGC247	鯨魚座	0	47.1	+20	45	20'× 7'	9.4	
NGC253	玉夫座	0	47.6	+25	18	25'× 7'	8	
SMC	杜鵑座	0	53.0	+72	50	280'×160'	2.8	小麥哲倫星雲
NGC300	玉夫座	0	55.0	+37	42	20'×15'	8.7	
NGC1300	波江座	3	19.7	+19	25	6'× 4'	10.4	
LMC	劍魚座	5	24.0	+69	45	650'×550'	0.6	大麥哲倫星雲
NGC2403	鹿豹座	7	36.8	+65	36	18'×11'	8.9	
NGC2903	獅子座	9	32.1	+21	31	13'× 7'	9.5	
NGC3521	獅子座	11	5.8	+ 0	2	10'× 5'	9.7	
NGC3628	獅子座	11	20.3	+13	36	15'× 4'	9.5	
NGC4236	天龍座	12	16.7	+69	28	19'× 7'	10	
NGC4449	獵犬座	12	28.2	+44	5	5'× 4'	9.9	
NGC4565	后髮座	12	36.3	+25	59	16'× 3'	9.6	
NGC4631	獵犬座	12	42.2	+32	33	15'× 3'	9.8	
NGC4656	獵犬座	12	44.0	+32	10	14'× 3'	10.4	
NGC4725	后髮座	12	50.6	+25	30	11'× 8'	10	
NGC4945	半人馬座	13	5.3	+49	17	20'× 4'	9.5	
NGC5128	半人馬座	13	25.3	+43	1	18'×14'	8	半人馬座A
NGC6946	天鵝座	20	35.0	+60	8	11'×10'	9.6	

■全天星座圖

北天的星空

地圖是以經度、緯度來表示位置，而星星同樣也以赤經、赤緯來說明所在位置。不過，赤經的表現方式與地圖是大不相同的。從位在雙魚座西魚附近的春分點開始繞往東邊時，會以每15度為一個小時，那繞行360度的話則是二十四小時

（記號為h）。只要以下面北天星座圖的赤經刻度就可以了解這種情況。赤緯則是天北極＋90度。

主要記號

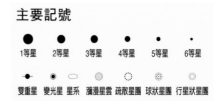

1等星	2等星	3等星	4等星	5等星	6等星

雙重星	變光星	星系	瀰漫星雲	疏散星團	球狀星團	行星狀星團

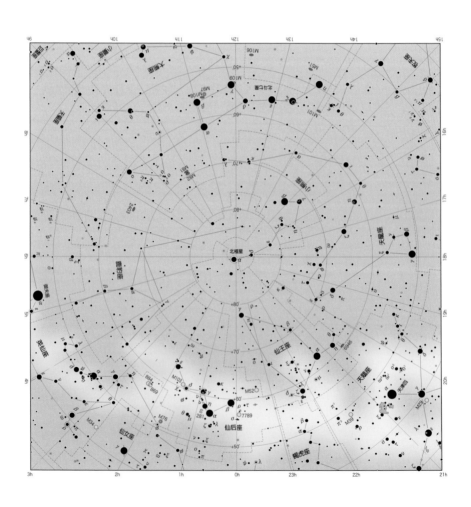

夏天的星空

夏夜裡最吸引我們目光的應該就是從頭頂上橫跨到人馬座附近的銀河了。在夜空明亮的都市天空裡雖然無法看到如此美麗的景象，但若是身處高原或是海邊等場所，卻能見到出乎意料外的閃爍光芒，希望讀者們務必前去仔細欣賞。

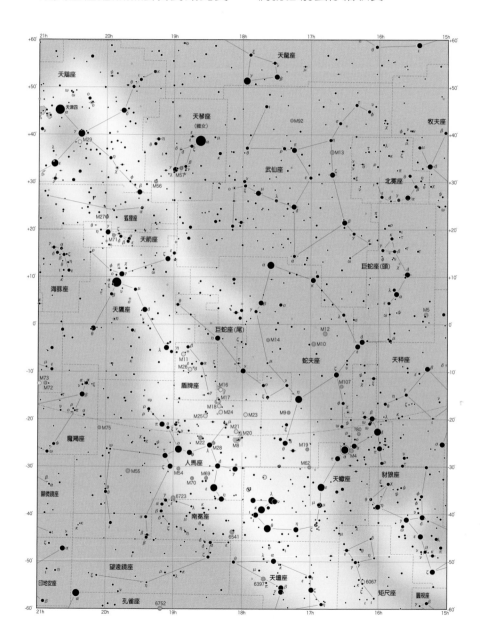

春天的星空

在這個季節，北方天空的北斗七星杓柄弧線向南延伸而出的「春天的大曲線」是很容易辨認的，而牧夫座的大角星與室女座的角宿一則是最先映入眼簾的星星。另外，獅子座的「獅子的大鐮刀」同樣也是非常醒目耀眼。

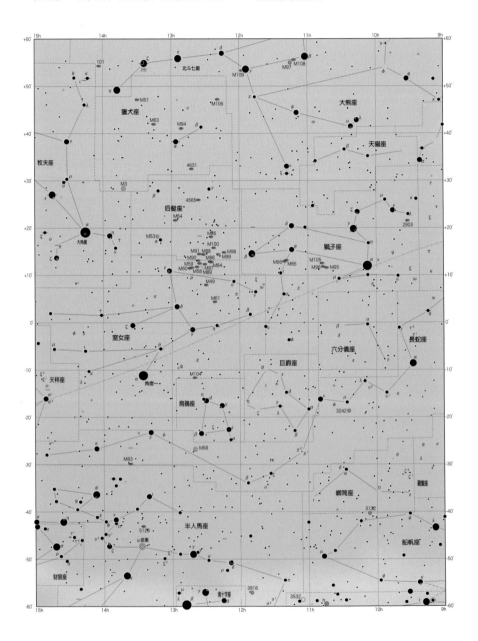

冬天的星空

這是一年當中星光閃耀最為美麗的季節，我們甚至可以見到多達七個的一等星。全天最亮的天狼星與獵戶座紅色參宿四、小犬座的南河三等三個星星所描繪而出的「冬天的大三角」即為此段時間的重要指標。

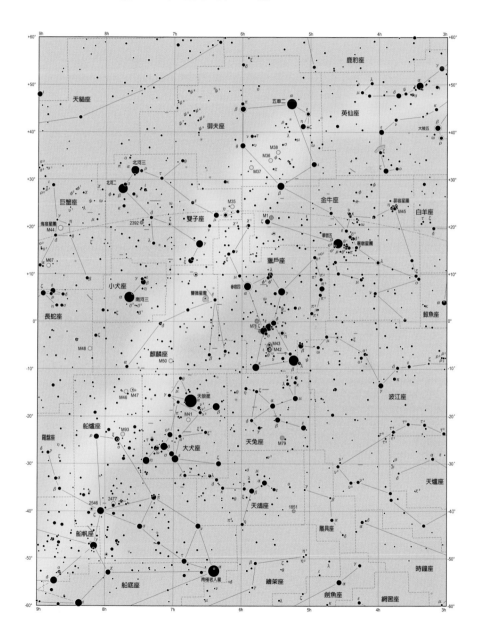

秋天的星空

此時因為明亮的星星比較少，所以許多星座都難以描繪成形，不過，若將頭頂上的「飛馬大四邊形」的大四角形各邊分別延長的話，就很容易找到許多星座的位置了。

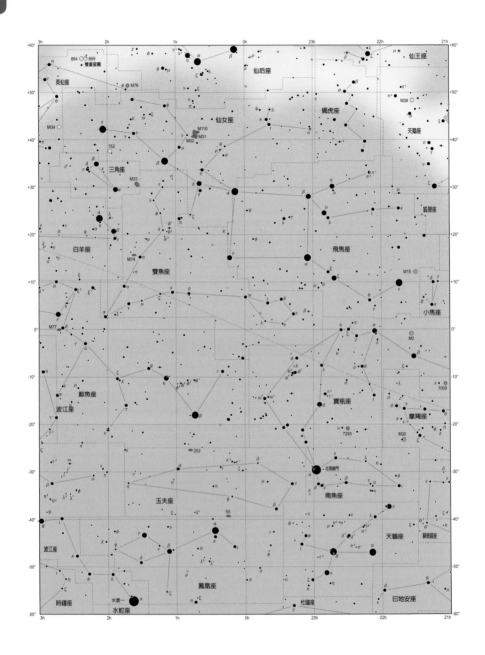

南天的星空

即使是日本地區無法見到的南天星空，事實上也仍然有著許多的美麗天體。其中的首要推薦就是大、小麥哲倫星雲、南十字星等等。在天南極的區域裡，並沒有如同天北極的北極星那般的亮星。

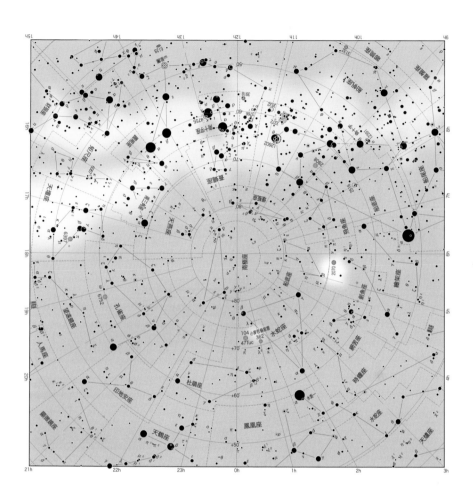

■希臘文字的讀法

　　每個星星除了各別的既有名稱外，同時也會標註希臘文字的符號，而這些希臘文字的讀法說明如下。

α：阿爾法	β：貝他	γ：伽瑪
δ：代爾塔	ε：伊布希倫	ζ：捷塔
η：葉塔	θ：矽塔	ι：艾奧塔
κ：柯巴	λ：拉姆達	μ：迷宇
ν：妮宇	ξ：克希	o：奧米克倫
π：拍	ρ：羅宇	σ：希克瑪
τ：托宇	υ：宇布希倫	ϕ：伏伊
χ：基伊	ψ：布希	ω：亞美加

●作者介紹　藤井 旭

一九四一年出生於日本山口市。畢業於日本多摩美
術大學。曾任職位於那須高原上能夠清楚觀察星體
的白河天體觀測所，與星群們朝夕共處相伴。之
後，因共同計畫之故而與澳洲的星群們一起在澳洲
當地建立了奇路天文臺，並以天體攝影家、星體記
者第一人的身分而活躍於國際舞臺之上。著作頗
豐，包括有：《成為星星的奇路──狗狗天文臺
長》（POPLAR社）、《星座攝影集》（誠文堂新
光社）、《宮澤賢治──星之圖誌》（合著，平凡
社）、《宇宙大全》（作品社）等等。

文＝藤井 旭
攝影、資料協助＝U.S.Naval Observatory、STScl、
AURA Inc、NOAO、Anglo Australian Telescope
Board、
D.F.Malin、J.M.Passachoff、C&E France、ESO、Lick
Observatory、World Photo Service、P.Parviainen、
小石川正弘、NASA、JPL

台灣自然圖鑑 005

星座・星空圖鑑

作　　者	藤井 旭
譯　　者	吳佩俞
審　　訂	邱國光
編　　輯	陳佑哲
美術編輯	林姿秀
封面設計	柳佳璋

創辦人	陳銘民
發行所	晨星出版有限公司
	臺中市 407 西屯區工業三十路 1 號
	TEL：04-23595820　FAX：04-23550581
	http：//www.morningstar.com.tw
	行政院新聞局局版臺業字第 2500 號
法律顧問	陳思成律師
初版	西元 2008 年 03 月 30 日
二版	西元 2021 年 11 月 06 日
讀者專線	TEL：（02）23672044 /（04）23595819#230
	FAX：（02）23635741 /（04）23595493
	E-mail：service@morningstar.com.tw
網路書店	http：//www.morningstar.com.tw
郵政劃撥	15060393（知己圖書股份有限公司）
印刷	上好印刷股份有限公司

定價　690 元

ISBN 978-626-7009-71-0
First Published in Japan 2000. Copyright © 2000 by Akira FUJII.
Published by Yama-Kei Publishers Co., Ltd., Tokyo, JAPAN.
Supervised by Future View Technology Ltd., Taipei, Taiwan,
Republic of China
Published by Morning Star Publishing Inc.
Printed in Taiwan

版權所有 翻印必究
（如有缺頁或破損，請寄回更換）

國家圖書館出版品預行編目（CIP）資料

星座‧星空圖鑑 = A field guide to stars and
constellations / 藤井 旭著 . 吳佩俞譯 .
-- 二版 . -- 臺中市 : 晨星出版有限公司 , 2021.11

　　面；　公分 . -- （台灣自然圖鑑 ; 005）

ISBN　978-626-7009-71-0（平裝）

1. 星座　2. 天象

323.8　　　　　　　　　　　　110013722

◆ 讀 者 回 函 卡 ◆

以下資料或許太過繁瑣，但卻是我們瞭解您的唯一途徑，

誠摯期待能與您在下一本書中相逢，讓我們一起從閱讀中尋找樂趣吧！

姓名：＿＿＿＿＿＿＿＿＿＿　性別：□ 男　□ 女　　生日：　　／　　　／

教育程度：＿＿＿＿＿＿＿＿

職業：□ 學生　　　　　□ 教師　　　　　□ 內勤職員　　　□ 家庭主婦

　　　□ 企業主管　　　□ 服務業　　　　□ 製造業　　　　□ 醫藥護理

　　　□ 軍警　　　　　□ 資訊業　　　　□ 銷售業務　　　□ 其他＿＿＿＿＿＿

E-mail：＿＿＿＿＿＿＿＿＿＿＿＿＿　　聯絡電話：＿＿＿＿＿＿＿＿＿＿＿＿

聯絡地址：□□□＿＿＿＿＿＿＿＿＿＿＿＿＿＿＿＿＿＿＿＿＿＿＿＿＿＿＿

購買書名：星座・星空圖鑑

・誘使您購買此書的原因？

□ 於 ＿＿＿＿ 書店尋找新知時　□ 看 ＿＿＿＿ 報時瞄到　□ 受海報或文案吸引

□ 翻閱 ＿＿＿＿ 雜誌時　□ 親朋好友拍胸脯保證　□ ＿＿＿＿ 電台DJ熱情推薦

□ 電子報的新書資訊看起來很有趣　□ 對晨星自然FB的分享有興趣　□ 瀏覽晨星網站時看到的

□ 其他編輯萬萬想不到的過程：＿＿＿＿＿＿＿＿＿＿＿＿＿＿＿＿＿＿＿

・本書中最吸引您的是哪一篇文章或哪一段話呢？＿＿＿＿＿＿＿＿＿＿＿＿＿＿

・您覺得本書在哪些規劃上需要再加強或是改進呢？

□ 封面設計＿＿＿＿　□ 尺寸規格＿＿＿＿　□版面編排＿＿＿＿　□字體大小＿＿＿＿

□內容＿＿＿＿　　□ 文 / 譯筆＿＿＿＿　□其他＿＿＿＿＿＿

・下列出版品中，哪個題材最能引起您的興趣呢？

台灣自然圖鑑：□植物 □哺乳類 □魚類 □鳥類 □蝴蝶 □昆蟲 □爬蟲類 □其他＿＿＿＿

飼養＆觀察：□植物 □哺乳類 □魚類 □鳥類 □蝴蝶 □昆蟲 □爬蟲類 □其他＿＿＿＿

台灣地圖：□自然 □昆蟲 □兩棲動物 □地形 □人文 □其他＿＿＿＿

自然公園：□自然文學 □環境關懷 □環境議題 □自然觀點 □人物傳記 □其他＿＿＿＿

生態館：□植物生態 □動物生態 □生態攝影 □地形景觀 □其他＿＿＿＿

台灣原住民文學：□史地 □傳記 □宗教祭典 □文化 □傳說 □音樂 □其他＿＿＿＿

自然生活家：□自然風DIY手作 □登山 □園藝 □觀星 □其他＿＿＿＿

・除上述系列外，您還希望編輯們規畫哪些和自然人文題材有關的書籍呢？＿＿＿＿＿＿

・您最常到哪個通路購買書籍呢？□博客來 □誠品書店 □金石堂 □其他＿＿＿

很高興您選擇了晨星出版社，陪伴您一同享受閱讀及學習的樂趣。只要您將此回函郵寄回本

社，或傳真至（04）2355-0581，我們將不定期提供最新的出版及優惠訊息給您，謝謝！

若行有餘力，也請不吝賜教，好讓我們可以出版更多更好的書！

・其他意見：＿＿＿＿＿＿＿＿＿＿＿＿＿＿＿＿＿＿＿＿＿＿＿＿＿＿＿＿＿

晨星出版有限公司 編輯群，感謝您！

請填妥後對折裝訂，貼妥郵票後寄出即可

郵票

請黏貼 8 元郵票

407

台中市工業區 30 路 1 號

晨星出版有限公司

請沿虛線摺下裝訂，謝謝！

填問卷，送好書

凡**填妥問卷後寄回**，只要附上**60元回郵**，
我們即贈送您**自然公園系列**
《花的智慧》一書。

f 晨星自然 🔍

天文、動物、植物、登山、生態攝影、自然風DIY……各種最新
最夯的自然大小事，盡在「**晨星自然**」臉書，快點加入吧！

晨星出版有限公司 編輯群，感謝您！